東大の先生！

文系の私に超わかりやすく高校の数学を教えてください！

東京大学教授 西成活裕

聞き手 郷 和貴

かんき出版

はじめに

・売り上げデータをエクセルに打ち込み、標準偏差を計算する。
・株価の動きを多項式にフィッティングし、微分で未来予測をする。
・三角形をベクトルの式で表し、辺の長さを関数電卓で調べる。

いずれも文系人間にしてみれば、

意味がわからないし、そもそもわかる必要もないか。

と思うことだろう。
文系代表の私も、それは同じ。
「数学を学んだあの日は、遠い日の花火」くらいの気持ちでいた。

そんなある日、懇意にしている編集者から連絡があった。

西成教授の中学数学の授業、
わかりやすくて感動的でしたね！
さらにレベルアップした高校数学に
チャレンジしませんか？
もちろん、やりますよね！？

レベルアップした
高校数学……？？？

大いにあせった。

たしかに、「数学アレルギーを克服する！」という名目で、中学数学を5、6時間で学び直す授業を受け、あまりのわかりやすさに感動した。

その内容を、『東大の先生！　文系の私に超わかりやすく数学を教えてください！』という書籍にまとめたところ、20万部を超えるベストセラーとなり、大きな反響をいただいたのだ。

私は中学数学ではつまずいていたが、本格的に挫折をおぼえて文系への道を決めたのは高校数学だ。

絶対に理解できない自信がある。

どうしよう……。

しかし、この編集者が言うには、

全国の読者から、
お便りをたくさんいただいたんですよ。
「文系の私に高校数学も教えてください！」って。
……やるしかありませんよね？

は、はい……やります。

覚悟を決めたわりに超小声で答えたワケだが。

しかし、驚くなかれ。

超ド文系の私が、たった5回の授業で理解できるようになった。しかも、相手は長年の宿敵だった高校数学だ。

今回も先生は、私が「数学界の池上彰」と勝手に呼んでいる**東京大学の西成活裕先生**。

交通渋滞や工場の生産効率など、世の中に存在するあらゆる「淀み」を対象として数学的にベストな解決策を導き出す「渋滞学」の創始者であり、日本屈指の数理科学者でもある。

もうね、先生、ホントにすごいです。

日本の宝、私たち文系人間たちの希望の星。

それにしても自分のなかでのビフォーアフターの差に愕然とする。
「数学の苦手意識がなくなった」どころの話ではない。

私のなかで数学というものが、

「学校から強制される知識」から、
「主体的に使う実用的な道具」に変わった♪

のである。

私自身、40歳を過ぎた立派な中年の星。

そんな人生の折り返し地点に差しかかったタイミングで「数学」という強力な道具を手に入れられたことは、素直にうれしい。

人生の選択肢が、どこかで、でも確実に、増えた気がする。

本書は、『東大の先生！　文系の私に超わかりやすく数学を教えてください！』の続編にあたる（前作では中学数学の内容をほぼ網羅したので、本書では「中学版」と呼ぶことにする）。

カバーする領域は、新しい学習指導要領に基づく「高校文系数学※」

の9割方。それに加え、本来なら理系コースの人だけが習う「ベクトル」と「微分積分」を豪華なおまけとして用意した。

「この本を読むと、学校の授業のペースにイライラしてくるだろうな」という意味合いを込めて「R18指定」としてあるが、現役の学生がこの本を事前に読んでおけば、学校の授業がめちゃくちゃはかどること間違いなしである。

なお構成としては、中学版を読んでいなくてもできるだけ理解できるように心がけたが、前作で「なぜ数学を学ぶのか」といった根源的な話をカバーしているため、「本気で数学を学び直したい」という方は、そちらから読むことをおすすめしたい。

では、文系のみなさん。さっそく高校数学の扉を開けてみてください！

もう数学が苦手とは思わなくなった文系ライター
郷 和貴

※国公立大学の受験で文系コースを選択した人に出題される数学の範囲を指しています。

Contents

東大の先生！
文系の私に超わかりやすく
高校の数学を教えてください！

はじめに …… 2
登場人物紹介 …… 14

1日目 もっと数学を楽しもう！

1時間目 実はこわくない高校数学

念願の「実用的な数学」が学べる！ …… 16
中学数学より簡単!? …… 20

2時間目 超ミニマムで画期的なカリキュラム！

教科書はバッサリ8割カット！ …… 24
世界初！「西成流」文系数学の分類法 …… 26
高校数学で一番ラクなのは「代数」 …… 30
高校数学の最高峰は「微分積分」 …… 31
超便利なアイテム「余弦定理」 …… 34
幾何の真のラスボスは「ベクトル」 …… 36
コラムまんが 文系が数学を理解できない理由 …… 38

2日目 楽勝で！ 高校文系数学の「代数」をマスターする！！

1時間目 最速で統計学の基礎を学ぶ

データを扱うときの3大ニーズとは …………… 40

数を足せるとなぜ便利なの？ …………… 41

「パターンを数える」ってなんだ？ …………… 44

ばらつきの度合いを見る「標準偏差」 …………… 47

2時間目 「数列の足し方」を覚える

天才ガウス少年の発見「ひっくり返して足す」 …………… 50

超便利！ どんな等差数列でも使える …………… 54

公式の丸暗記は厳禁！ …………… 56

等差数列の和の公式を導く …………… 57

秀吉もビックリした！ 曾呂利新左衛門（そろりしんざえもん）のお話 …………… 63

等比数列は「かけてズラして引く」 …………… 66

等比数列の和の公式を導く …………… 69

数列を扱うときの記号を知っておこう！ …………… 74

コラムまんが 数学の記号は魔法詠唱と思え …………… 83

3時間目 「パターンの数え方」を覚える

競馬でわかる「順列」と「組み合わせ」 …………… 84

ステップ①階乗の計算方法を知る ……… 86
ステップ②順列の計算方法を知る ……… 92
ステップ③組み合わせの計算方法を知る ……… 93
「順列」と「組み合わせ」の式を理解する ……… 97
「順列」と「組み合わせ」の表記は「P」と「C」 ……… 103
「順列」と「組み合わせ」でバイトのシフトを組んでみる ……… 104

「ばらつきの度合い」を調べる

データサイエンスの基本は「データの規則性」を探ること！ ……… 108
ばらつきの幅を知るための2ステップ ……… 109
平均、分散、標準偏差の深〜い関係 ……… 110
平均、分散、標準偏差の表記 ……… 119
エクセルで標準偏差を計算してみる！ ……… 122
「偏差値」の計算式も覚えよう ……… 124
おまけ①奥深い平均の世界 ……… 125
おまけ②平均値、中央値、最頻値 ……… 128

3日目

超あっさり！高校文系数学の「解析」をマスターする！！

1時間目

広がっていく！ 関数の世界

関数と方程式の違いって？ …………… 134

高校の文系数学で習う関数は4種類 …………… 138

コラムまんが　西成青年の理系すぎるラブレター …………… 139

2時間目

二次関数をおさらいしよう！

ササッと復習！　二次方程式 …………… 140

二次関数のグラフを描く！ …………… 145

コラムまんが　物理学者は名探偵 …………… 155

3時間目

指数関数はめっちゃ便利！

指数関数にまつわる用語を覚える …………… 156

基本ルール①かけ算のときは足す …………… 158

基本ルール②べき乗をべき乗するときはかける …………… 160

基本ルール③割り算のときは引く …………… 162

指数がマイナスのときはどうなるの？ …………… 163

指数が「0」のときってどうなるの？ …………… 165

ルートはべき乗に変換できる …………… 167

べき乗の扱い方まとめ …………… 170
指数関数をグラフにしてみよう! …………… 171
おまけでOK! の対数（たいすう）関数 …………… 175
天文学的な数字も扱いやすい! 対数関数 …………… 177
指数関数と音楽の深〜い関係 …………… 182
指数関数をiPhoneで計算する方法 …………… 187

4日目 爆速で! 高校文系数学の「幾何」をマスターする!!

1時間目 もう迷わない!「三角比」

余弦定理で三角形をマスターする …………… 190
三角形を描くときの西成的流儀 …………… 192
sin、cos、tanは辺の比のこと …………… 193
tanの存在は忘れてしまえ! …………… 197
直角三角形の定義に必要なθ（シータ） …………… 199
あるある!　引っかけ問題 …………… 202

2時間目 サクッと!「余弦定理」を導く

三角比を使ってできること …………… 206
余弦定理を導く①下準備 …………… 207

余弦定理を導く②式を立て、ほぐす …………… 210
余弦定理を導く③$\sin^2\theta+\cos^2\theta=1$の証明 …………… 214
余弦定理を導く④完成させる …………… 216
余弦定理とピタゴラスの定理の関係 …………… 217

3時間目 最後は「三角関数」を学ぶ!
三角関数はθとyの関係をグラフ化するだけ …………… 220

5日目 特別授業①
幾何の最終兵器「ベクトル」を学ぼう!!

1時間目 偉大なる「ベクトル」
幾何の問題を代数で解く!? …………… 228
余弦定理の証明は「たった数行」 …………… 231

2時間目 「ベクトル」の斬新すぎる概念を理解する
ベクトルは2種類のデータを格納する「特殊な入れ物」 …………… 232
なじみ深い「スカラー」 …………… 233

データ時代の主役「テンソル」 …………… 235
なぜベクトルが必要になったのか? …………… 238

3時間目
「ベクトル」は矢印で描くよ♪

ベクトルの描き方には流儀がある …………… 240
テンソルの描き方 …………… 241
ベクトルを図で描いてみる …………… 242

4時間目
「ベクトル」の計算は超簡単!

ベクトルの足し算をやってみよう …………… 246
ベクトルの引き算もやってみよう …………… 251
ベクトルを分解してみよう …………… 253
ベクトルのかけ算に挑戦しよう …………… 254

5時間目
余弦定理は「ベクトル」で瞬殺!

ベクトルを使って余弦定理を一瞬で導く! …………… 262
何次元でも扱えるベクトル …………… 268
コラムまんが 少年が来る!(前編) …………… 272

6日目

特別授業②

「微分積分」で未来を予測してみる!!

1時間目

人類の宝! 微分積分の概念を理解する!

微分積分と関数の関係 …………… 274
本日のお題は「三角形の面積」です …………… 276
ニュートンVSライプニッツの仁義なき戦い …………… 280
どう分けるのが最適か? …………… 281
三角形の面積を微分積分で計算する! …………… 287
微分積分の記号を覚えよう …………… 297
コラムまんが　少年が来る!(後編) …………… 301

2時間目

エクセルで未来を予測しよう!

文系人間、エクセルで未来予測をする …………… 302
エクセルの使い方をマスター! …………… 304
「数学者」「AI」「統計学者」の違い …………… 312

あとがき …………… 316

本文デザイン&DTP:高橋明香(おかっぱ製作所)
校正:(株)Fun Study Production、加藤義廣(小柳商店)
イラスト:meppelstatt

登場人物紹介

教える人

西成活裕（にしなりかつひろ）先生

東京大学先端科学技術研究センター教授

42歳という若さで東大教授になった超エリートなのに、「子どもにも、学生にも、主婦にも、数学を好きになってほしい！」と草の根的に「数学の迷い人」を救っているスゴイ人。
趣味はオペラ（歌うほう）と競馬。

教わる人

私（郷和貴（ごうかずき））

物書きを生業としている生粋の文系人間

中学時代に数学につまずき、高校の微分のテストで0点をとったことで、理系の道を完全に断っていたが、西成教授の授業で中学数学の学び直しに成功したため、調子に乗って長年の宿敵だった高校数学の授業も受けることに。

担当編集

「全国の数学アレルギーを持つ方に届けたい！」と言いつつ、その実、「自分の数学アレルギーを治したい！」という悩みを解決したいがため、私を巻き込んだ張本人。

1日目

もっと数学を楽しもう！

Nishinari LABO

LESSON 1 時間目

実はこわくない 高校数学

「文系人間」にとっては、いくら文系数学でも高校数学のハードルは相当高いと感じているはず。しかし、みんなが思い込んでいるほど難しくないと西成先生は言います。その真意はいかに?

➡念願の「実用的な数学」が学べる!

おお、わが愛弟子よ！！！　どうぞお入りください。

先生っっっ！　よろしくお願いします！

文系一番弟子の郷さんに、「中学数学」という武器を授けましたが……娘さんには教えられるようになりましたか？

いやいや、まだ3歳ですから（笑）。ただ、おかげさまで、中学数学をしっかり学び直すことができ、数学アレルギーを解消できた気がします。将来、娘にも教えられる自信がありますし（ニヤリ）！

それはよかった！　じゃ、コーヒーでも飲んで雑談でも……。このあいだ観たオペラ、すごくてね！

あ、いや、ここからが本題です……（汗）。

？？？？？

中学版の授業で先生は**「数学の目的は世の中の課題を解決することである」**と言いましたよね。

そう。純粋に数学を極めようとすることを「純粋数学」、数学を世の中に応用することを「応用数学」と言うのですが、**私はバリバリの応用数学派**です。この立場ではそう言えます。

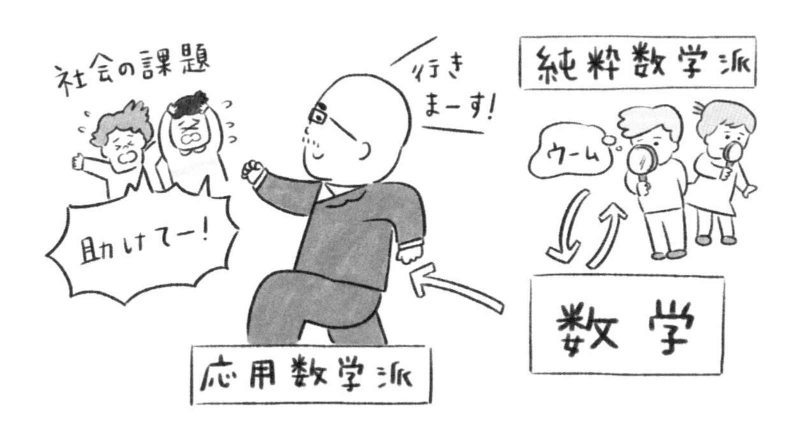

ですよね。ただ、ぶっちゃけますと、**あいかわらず仕事や日常生活で二次方程式とか使っていないんです**……。

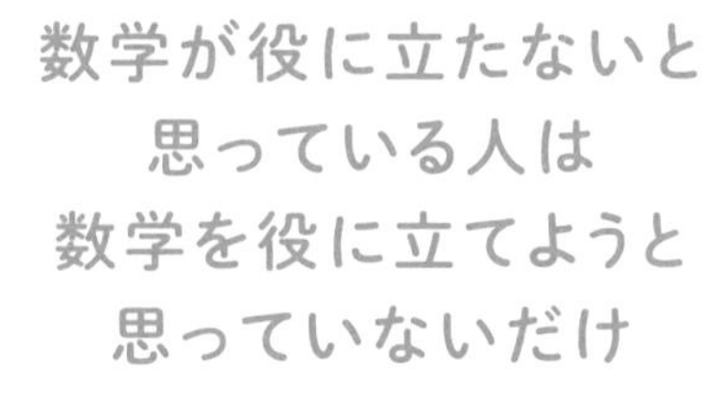

数学が役に立たないと
思っている人は
数学を役に立てようと
思っていないだけ

という先生の話は強烈に残っているんですけど、**数学の知識を活用できる場面に遭遇しないというか、気づかない**というか……。

なるほど！　理由は簡単です。

小学校や中学校で習う算数や数学の知識は、野球で言えば「バットの握り方」とか「フライの取り方」みたいな基礎スキルの話が多くて、高校、大学と進んでいくと、そうしたスキルをどんどん組み合わせながら「いい野球選手」を目指すんですね。

「点」が「線」になるみたいに？

そう。いままで**断片的に学んできた知識が急に縦横無尽につながって、「数学ってこんなことできるの？ スゲー！」と実感できるのが、高校数学あたりから**なんです。

じゃあ、高校数学ではかなり実用的な知識を学ぶことができる？（ゴクリ）

できます。というか、私は現実社会の課題を数学の力で解くことをライフワークにしているので、できるだけ**実用的なものしか教えたくない**。それに数学を学び直したい大人の読者にしても、仕事や普段の生活で使える知識を学べたほうがいいじゃないですか。

いまさら受験するわけじゃないですからね。

でしょう。だから今回やっちゃいましょう！　高校数学!!　そしてこの授業では「中学版」以上に**文系の方が「あ、数学ってめっちゃ便利！」と感じてもらえる状態まで持っていくことを最終ゴールにします。**

➪中学数学より簡単!?

しかもね。**高校数学を中学数学より簡単にしたいというのが長年の私の夢**でね〜。

いやいや先生、さすがにそれは……。

だってパッと思いつくだけでも「微分積分」「ベクトル」「なんちゃら関数」とか、超強敵ぞろいじゃないですか。**言葉にするだけで軽くめまいが……。**

強敵に見えるのは**新しい概念とか、新しい記号がいろいろ出てくるからで、結局は慣れ。**
でもそれさえクリアしてしまえば、**高校数学って実はそんなに難しくないんです。**

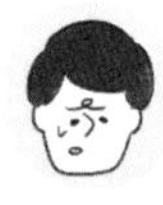

（想像中）本当かなぁ……。

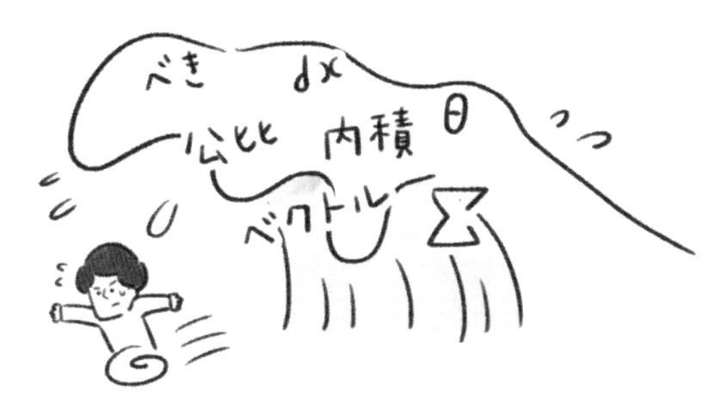

もちろん、中学で学んだ知識を土台にするので高校のほうがより高級な概念を扱いますよ。でも、「学習者から見たハードルの高さ」という意味では、**中学生が二次方程式と格闘するほうがはるかに大変。**

その点、郷さんは前作で中学数学を終えましたからね。

まあ、たしかに。

そもそも勉強って、**コツコツと続けていると、あるところから急に簡単に感じられるようになってくる**んです。

スポーツでも楽器でもそうじゃないですか。諦めないで歯を食いしばって続けていたら、**「なんだ、こういうことか」**みたいに新たな境地に達するタイミングってありますよね。学問もまったく一緒です。

まあ、そもそも私のような**「文系人間」って、数学が苦手というより、早々に数学を諦めた人たちのこと**なのかもしれませんね。

そこなんです！

途中で「もういいや」と諦めた瞬間に成長が止まってしまうのが、数学や理科系をはじめとする「積み上げ式」の学問の難しさなんです。社会で西洋史だけサボったり、英語で細かい文法

のルールをサボってもなんとかなるけど、数学はそういかないことが多い。

たとえば中学時代に「***x***」でつまずくと、二次方程式がわからない。二次方程式でつまずくと、高校数学の大半はわからない。

一方で、先生は生徒たちが中学の内容を理解している前提で授業を進めていきますからね。これが**一斉授業の限界**です。

実は私、高校のときの数学の先生の顔が思い出せないんですよ。それくらいやる気がなかったんだろうな……。

文系の人はそういう人が多いんですよ。でも、そこでグッと我慢して、中学・高校で習う数学のアイテムを1個1個、確実に習得していくと、**高校のある時点から急に視界が広がる**んです。

それが「数学すげー!!」という感覚ですか？

そう。小学校から始まって、10年以上かけて算数と数学を学んできた理由がようやく腹落ちする感覚。

その感覚って理系人間ならたぶん知っているんですけど、文系人間は知らない人が多いと思う。だからこの本を通してそれをぜひ感じてほしいんです。

ソレハ、楽シクナリソウデスネ……。

めっちゃ棒読みじゃないですか（笑）。

でも正直、中学数学では「何度か読んでようやく理解できる」みたいな領域もあったと思うんです。二次方程式の解の公式の導き方とか、そこそこ思考体力がないと脱落しちゃいますから。

でも今回は「あれ？　もう終わり？　高校数学ってこんなもんだっけ？」という印象を受けると思いますよ。

ホントかなぁ〜〜〜（ちょっと疑いの目）。
じゃ、じゃあ、先生を信じて、ちょっとがんばってみます……！

LESSON 2 時間目

超ミニマムで画期的なカリキュラム！

高校数学を効率的に理解する最大の秘訣は「目的の明確化」と「無駄を削ぐこと」にあり！　高校数学を通常の80%オフした世界初の西成流カリキュラムを解説いただきます。

教科書はバッサリ8割カット！

簡単にするって言っても、高校数学って範囲広いですよね……。ロシアの国土ばりに。

だから今回、構成についてはかなり時間をかけて練りました。
もう、自分の研究そっちのけで。

ちょ……ありがたいですけど（笑）。
やっぱり従来の教科書を無視するパターン？

もちろん（笑）。徹底的に無駄を排除したので、教科書と比べるとかなり厳選してあります。80%オフくらいかなぁ。
実は私、旅行するときの荷物の少なさでは自称プロレベル。2日間の国内出張でも1週間の海外出張でも荷物の量は同じです。

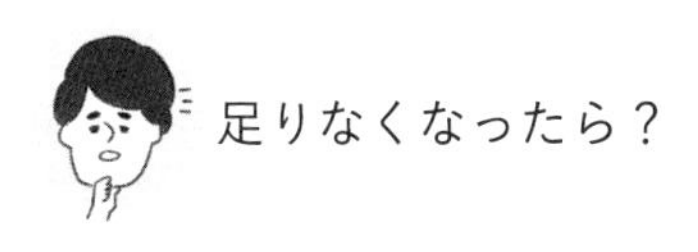

足りなくなったら？

現地で買えばいいじゃないですか。

そんな感じで学習もミニマム（最小限）主義がいいと思っているんです。

重要なところをしっかり学んでおけば、必要に迫られたときに自分でどうにかできるわけじゃないですか。スマホひとつでたいていの情報にアクセスできるんだから。

逆に「これも一応、持っていきなさい」「あれも使うかもしれないから覚えておきなさい」って過保護の親みたいに情報をバンバン詰め込むから、あまりの重さに潰れる学生が続出するんですよ。

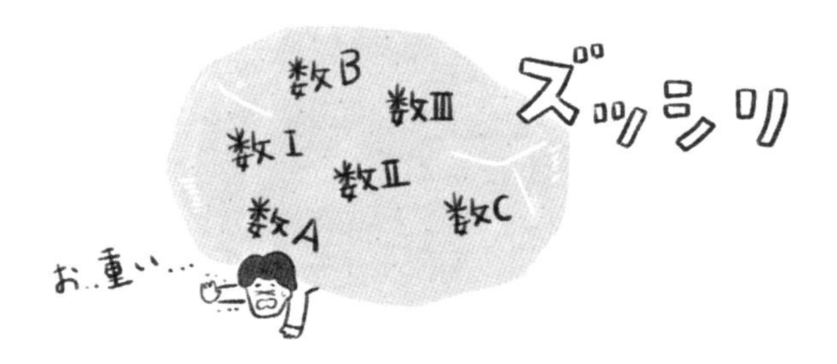

私を呼びました？（笑）

高校数学の大事なところだけを抽出したら、ここまでスリム化できるんだってことを、この本で証明しようと思います！

➡世界初！「西成流」文系数学の分類法

では今回も攻略すべきラスボス（＝ゴール）を明確にして、ラスボスを倒すために必要な数学のアイテムだけをゲットしていくという流れですか？

当然！　だってそれが最短ルートだし、学ぶ側としても納得感があるじゃないですか。

高校で本格的に迷子になった、私のような大人にはピッタリですね。

学校の教科書みたいにあっちこっちに話が行って、**「この知識ってどこで活かされるんだろう……」「いったいなんの話をしているんだっけ？」**と生徒を迷子にはさせません。

常に全体像と目標を意識してもらいます。

じゃあ、高校文系数学のラスボスってなんですか？

中学版でも説明しましたが、数学は数と式（代数）、グラフや関数（解析）、図形（幾何）という、大きく3つに分類できます。

こう分けるんでしたね。

数学は……

- 代数（algebra アルジェブラ）＝数・式
- 解析（analysis アナリシス）＝グラフ
- 幾何（geometry ジオメトリー）＝図形

に分けられる

覚えています！
たしか、それぞれの分野で目指すゴールがありましたよね。

そうです。
中学数学のゴールはこう設定しました。

中学数学のゴールとは……

代数 ➡ 二次方程式

解析 ➡ 二次関数

幾何 ➡ ピタゴラスの定理と円周角と相似

この分類のおかげで、無事クリアできたんでした……！
その節は本当にありがとうございました。

今回、高校数学に挑むわけですが、高校で挫折した文系の方向けに「**超省略したオリジナルのゴール**」を設定してみました。こちらです。

高校文系数学のゴールとは……

代数⇒**データを扱えるようになる。**
解析⇒**4つの関数をマスターする。**
幾何⇒**ピタゴラスの定理を一般化する。**

おおっ！　なんかめっちゃスリムです。

そりゃあもう、めちゃくちゃ考えて導き出した「**文系向け究極の高校数学ガイド**」ですから。心理的なハードルを下げるため、**8割カット**にしました！「ここまでやる？」ってレベル（笑）。それでも重要事項はすべて入っています。

そして、高校文系数学のラスボスを倒すためにゲットすべきメインアイテムを、次のように設定しました。

〈高校文系数学のゴール〉

代数のラスボス「データを扱えるようになる！」

メインアイテム：数列の和の計算
順列と組み合わせ
分散と標準偏差

解析のラスボス「4つの関数をマスターする！」

メインアイテム：二次関数
指数関数・対数（たいすう）関数
三角関数

幾何のラスボス「ピタゴラスの定理を一般化する！」

メインアイテム：三角比（sin、cos）の理解
余弦定理の証明

このほかに高校理系数学にも少し越境して、応用していくために超重要な2つの特別授業を用意しました。

〈特別付録♪ 理系数学〉

特別授業①「ベクトルの概念を理解する！」

特別授業②「微分積分を理解する！」

ちなみに教科書にある**「数学I」とか「数学A」といった意味不明の分類は完全に無視**しています（笑）。

そんな分類ありましたね……。そもそも普通の教科書の構成を覚えてないですが、少なくともこんなにキレイに、目的別に整理されていなかったことはたしかですね。

こんな分類、**世界初**ですから（笑）。

高校数学で一番ラクなのは「代数」

代数ってxとかyとか文字を使って、式を立てて、カチャカチャ計算するやつですよね。数とか式を扱う……。

そう。「中学版」、マスターしてますね〜。**わからないものをいったんxにして式を立て、それを計算してxの値を知る**。これが人類がたどり着いた叡智なんです。

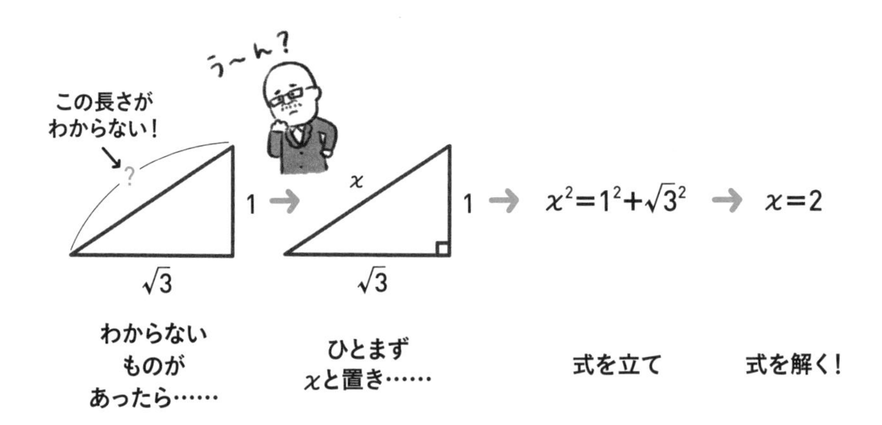

中学版の代数で、「単体で見てもわからないならわからないものをxと置いて、因果関係から答えを導き出すのが画期的♡」と超うっとり顔の先生から教えていただきましたね（笑）。その代数のラスボスが「データ」……？？？

よくぞ気づいてくれました！　ここがとくに画期的。世界広しと言えど、代数のカリキュラムを「データ」でくくった教科書はないはずです。

でも実際に**高校の代数で習う知識って社会人がデータを扱うときに使えるものばかり**なんですよ。しかも、高校の代数では**難しい計算が一切出てきません。**中学では代数に二次方程式があったので3分野のなかで一番大変だったけど、高校では代数が一番簡単。

し、信じちゃおっかな……。

高校数学の最高峰は「微分積分」

解析は、関数とかグラフの世界でしたよね。

そうです。解析で最終的に到達したいのは微分積分なんです。なぜなら、そもそも数学で「解析」と言うと「微分積分をする」という意味だから。

あ、そうなんですね！

はい。「なんちゃら関数」というのはすべて「微分積分を使って解析する対象」という位置付け。
関数と微分積分は常にセットで使うものだから、中学から少しずつ関数の種類を増やしていくんですよ。

すると、世の中の複雑な現象が解析できるようになります。

そういう関係なんだ！

でも新しいカリキュラムを見ると文系数学は「微分積分については概念を理解すれば十分」ということになったんです。実際にカチャカチャ式を解くのは理系の生徒だけ。

いいなぁ（笑）。というか……「微分積分の概念」って中学版のほうで終わっているじゃないですか！

そうなんです。中学版、相当豪華にしすぎちゃったみたい（笑）。

でも、今回は代数でゲットできる「数列」というアイテムを使って、もう少し詳しくやろうと思っています。ただこれは文系数学を逸脱するので最終日に単独の授業としてやらせてください。感動のフィナーレが待っています。

ちょっとだけ楽しみです。

ですから3日目にやる解析の授業ではいくつかの関数をマスターしてもらいます。

具体的には二次関数と指数関数・対数関数。

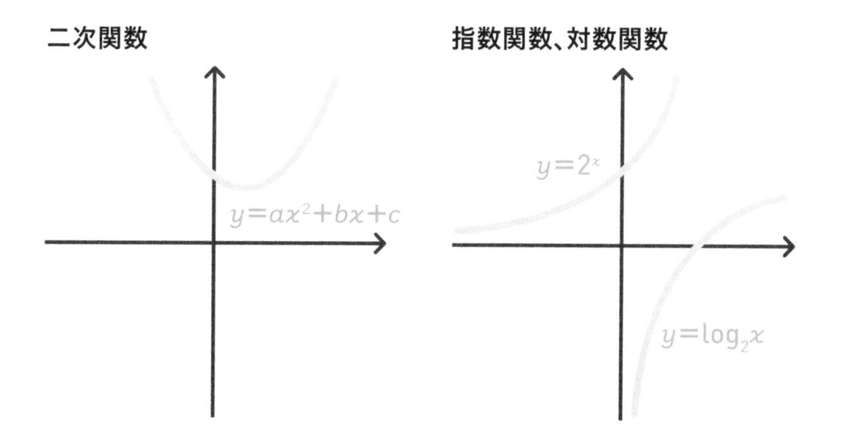

二次関数は中学版でもやっていますけど、軽く復習をします。

あと、高校では三角関数をやりますが、この本では**幾何で三角形について勉強するときに一緒にやってしまいます。**

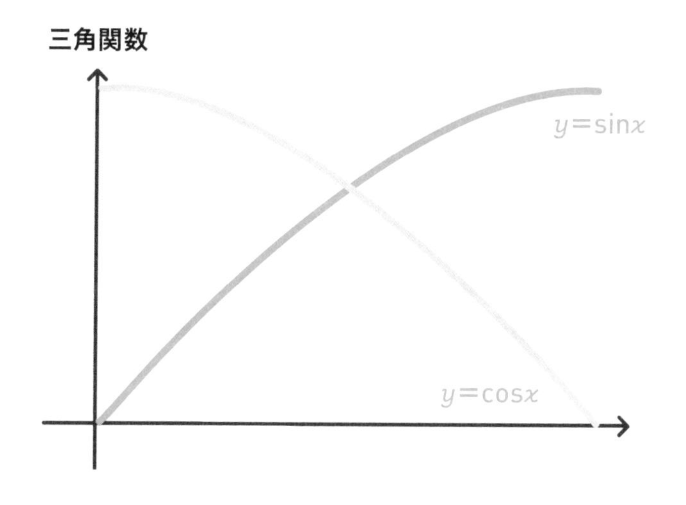

おお、よくわからないけど効率的な気がする。

さらに言うと、対数関数は指数関数のおまけみたいなものなので、実質的にメインで取り上げるのは指数関数だけ。

少なっ。

ミニマム主義でいきましょう。

超便利なアイテム「余弦定理」

で、幾何は図形のことですね。幾何のラスボスは「ピタゴラスの定理を一般化する！」にしています。

まったく意味不明です。

余弦定理という**ピタゴラスの定理の拡張版**の定理がありまして、その証明をしたいと思っています。

拡張版と言いますと？

ピタゴラスの定理は直角三角形の3辺の関係を示した定理($a^2 + b^2 = c^2$) のことですが、余弦定理を使えば、直角でないどんな形の三角形でも3辺の関係を示すことができるようになります。

ピタゴラスの定理

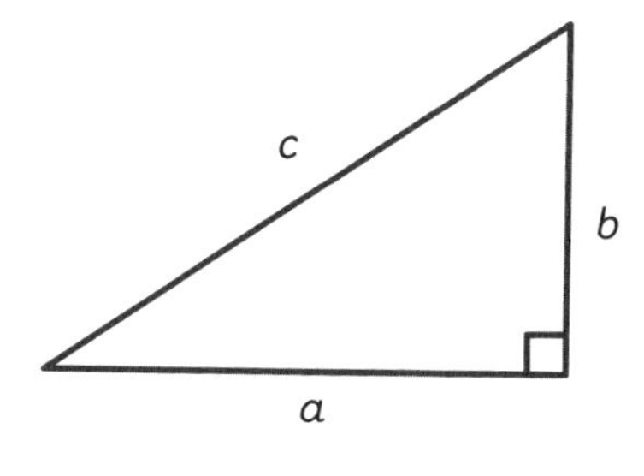

$$a^2 + b^2 = c^2$$

余弦定理

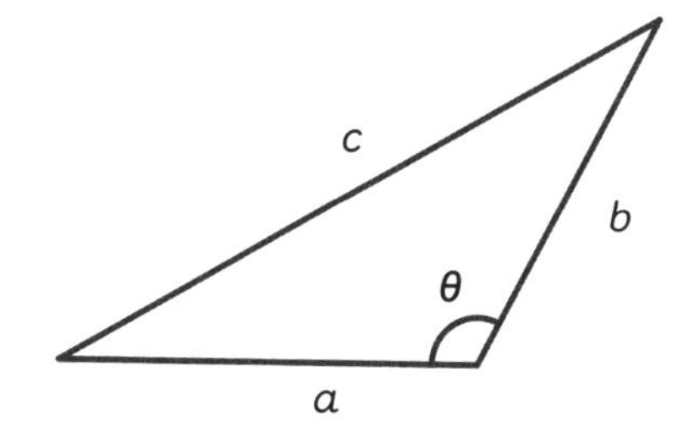

$$a^2 + b^2 - 2ab\cos\theta = c^2$$

おお、便利かも。でも、余弦定理なんて私の時代にはなかったと思います。

やっているはずです（笑）。ただし……余弦定理を理解するためには多くの文系人間を挫折させてきたsin、cos、tanという三角比を理解しないといけません。

出た！
文系の宿敵、三角比！

でしょう。**三角比でつまずくと余弦定理の話が一切頭に入りません。**だから幾何の授業の実質的なハードルは三角比

の理解なので、そこをしっかり理解してもらうことに努めます。

➪幾何の真のラスボスは「ベクトル」

あれ？　でも中学版では、**「高校数学の幾何のラスボスはベクトルだ」**とおっしゃっていませんでしたっけ？

そうなんですよ！

長年にわたって「ベクトル」は幾何のラスボスだったんですが、**新しいカリキュラムを見たら文系数学から消えていたんです（泣）**。

ますますいいなぁ、いまの若い子……。

いやいや！　ベクトルって幾何の世界では本当に便利な武器で、ベクトルを知ればどんな図形問題でも瞬時に解けるようになります。**研究者たちも図形を扱うときは基本的にベクトルしか使いません。**

なぜなら**中高で一生懸命習う三角形や円のさまざまな定理は、「ベクトル使い」になれば「一瞬で証明できるから」**です。

えっ！？

私も高校のときにベクトルを知って「なんでこんな便利なものを出し惜しみするんだよ！」と憤慨した記憶があります。

それくらい強力なので、文系でもその概念はしっかり理解してほしいなと思います。

それだけ言われると知りたくなるなぁ。

ベクトルで難しいのは概念を理解することであり、計算云々ではないので、ベクトルについても文系数学が終わったあとの特別授業という形でやりましょう。

2大特典つきの雑誌みたいな感じですね。

そう。付録のほうが豪華という（笑）。

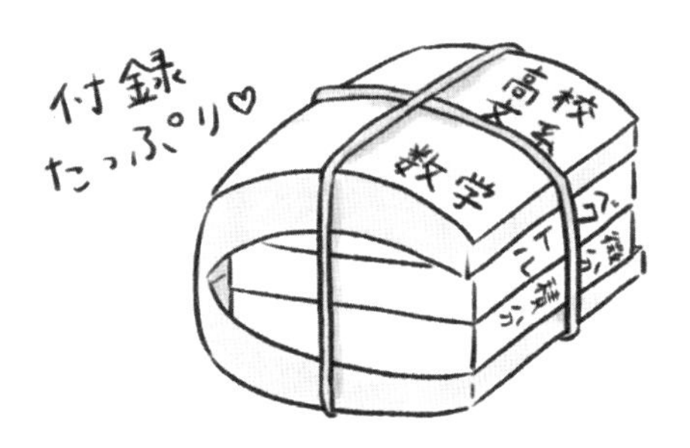

コラムまんが

文系が数学を理解できない理由

2日目

楽勝で！高校文系数学の「代数」をマスターする!!

Nishinari LABO

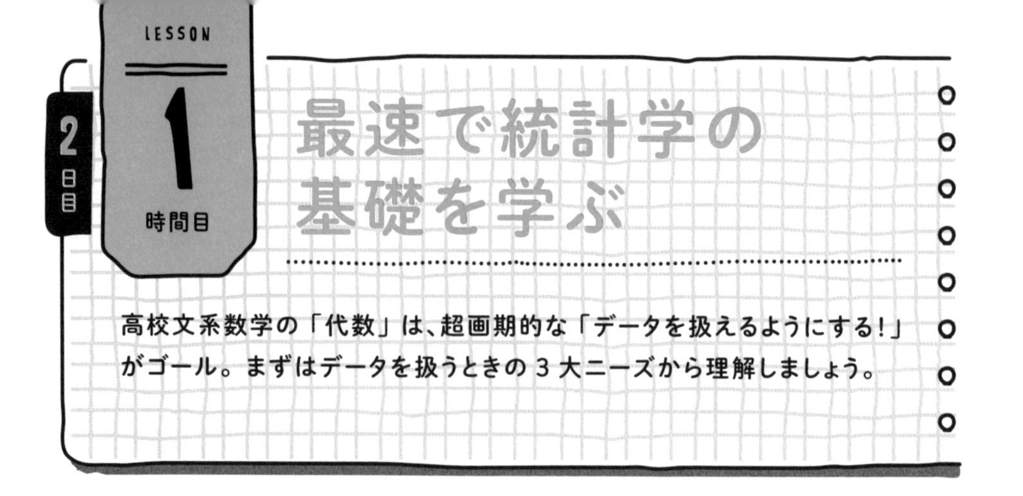

高校文系数学の「代数」は、超画期的な「データを扱えるようにする!」がゴール。まずはデータを扱うときの 3 大ニーズから理解しましょう。

データを扱うときの3大ニーズとは

今日は高校文系数学の「代数」を電光石火で終わらせようと思っています。目標時間は、そうですねぇ……2時間くらいで。

早っ（笑）。

早いだけではなくて、一般的な授業で習うより10倍わかりやすくて、10倍役に立つ内容にしようと思います。そこで私なりに教え方を考えてきました。

まず、代数のラスボスは「データを扱えるようになること」と定めましたが、このラスボスを倒すためには3つのアイテムを手にしないといけません。
そこでまず押さえておきたいのが**「データを扱う基礎となるニーズ」**。それが次の3つ。

〈データを扱う基礎となる3大ニーズ〉

数を足す
パターンを数える
ばらつきを調べる

ようは、「数を足せるようになる」「パターンを数えられるようになる」「ばらつきを調べられるようになる」ということが自在にできるようになれば、「データを扱う基礎を身につけられている」ということです。これを今日の目標とします。
気分はもうデータサイエンティスト！

中身はピンとこないですけど少し乗り気になってきました。

数を足せるとなぜ便利なの？

簡単にそれぞれのニーズについて説明しますね。

まず「数を足す」ですが、ある**数の並びに規則性が見出せる場合、電卓で1個1個足していかなくてもその和が簡単な公式で導き出せてしまう**んです。ちなみに数の並びを数列と言います。

ん？ 「規則性が見出せる」とおっしゃいましたが、「不規則」だとできないんですか？

できません。たとえば「5, 2, 5, 4, 9, 1, 3」みたいな**不規則っぽい数列の和を知りたいなら、コツコツ足し算していくし**

かないんです。もちろん、社会人であればエクセルに数字を打ち込んで「SUM」という関数を使うでしょうけど。

あ、それだったら私もやっています！　確定申告があるので。

ですよね。でも、たまに数字を打ち間違えたりしませんか？

よくあります。エクセルは信用しているんですけど、**データを入力する自分が信用できない。**

そうなるんですよね。でも規則的に並んでいる数列であれば、コツコツ足していかなくてもすぐに答えが出てしまうんですよ。

ふーん。でもそれって1個1個足していく力技でカバーできる、とも言えませんか？

じゃあ逆に聞きますけど、**数字が30万個くらいあったら？**　ミスなくエクセルに打ち込める自信はあります？

1ミリもありません！（即答）

でしょう？　だから規則性のある数列データの扱い方を覚えておくと、どれだけ膨大な量のデータであっても扱えるので超便利なんですよ。

それに、**いったん式にしてしまうから、たとえば「1, 3, 5, 7,**

……」と続く数列の2453番目の数値はなんだろう？　と思ったら、すぐにわかってしまう。

1, 3, 5, 7, 9,……

↓

2453番目の数値は？

↓

公式にあてはめると1＋2（2453－1）

↓

答えは4905！

ちなみにこの公式は、あと（p.58）で出てきます。

それは便利かも。でも「規則性」って具体的にどんなことですか？

実は規則的に並んでいる数列って、

隣同士の数字の「差」が同じパターン（等差数列）

1, 3, 5, 7, 9,……

隣同士の数字の「比」が同じパターン（等比数列）

1, 2, 4, 8, 16,……

この2パターンが代表的なものなんです。差が同じパターンのことを「等差」と言って、比が同じパターンのことを「等比」と言います。

比、ですか？

そう。「1, 2, 4, 8, 16」という数列だったら**「2倍」という比を繰り返している**わけですよね。

ああ、1を2倍にしたら2で、2を2倍にしたら4で。

はい。だから等比。ほかにも大学で習うようなマニアックな規則性もありますけど、日常レベルのものはほぼすべてこれでカバーできるので、その計算方法を教えます。

へえ。

⇨「パターンを数える」ってなんだ?

次が「パターンを数える」ですね。
たとえば郷さんが飲料メーカー勤務で新しいジュースを開発することになりました。**原材料の候補は10個。そのうち3つを混ぜて新しいジュースをつくるとします。**

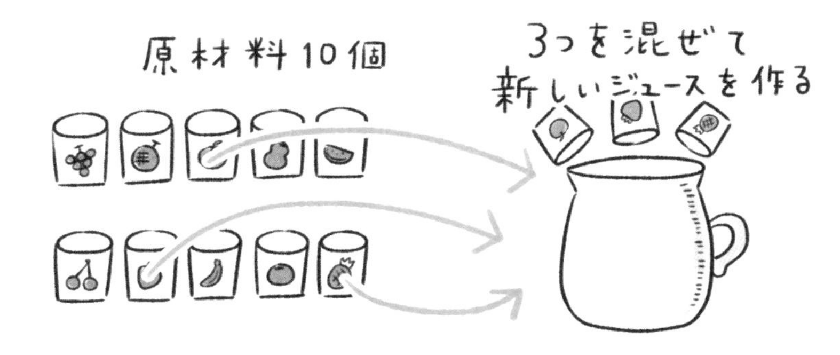

何パターンの試作品をつくらないといけないですか？

う……。

パッと出てこないですよね。
原材料の候補が3個で、そのうち2つを組み合わせるくらいの話なら、ちょっと紙に書き出すことで「AとB、AとC、BとCの3通りだな」ってすぐにわかります。
でも数が増えると全部書き出すのも面倒くさくなりますよね。
そんなときに使える公式があるので、それを後ほど教えます。

ちなみに、パターンの数え方と言っても2種類あります。「順列」と「組み合わせ」です。

A, B, Cの順列
A－B
A－C
B－A
B－C
C－A
C－B
6通り
順番が違うものは別パターンにする!

A, B, Cの組み合わせ
A－B
A－C
B－C
3通り
A－BとB－Aは同じ扱い。

「組み合わせ」というのは「3個の原材料のうち2つを選んだ組み合わせは何パターンあるか」みたいな、先ほどの話のこと。「順列」は、単に2つを選ぶだけではなく入れる順序も大切で、これが味に関係してくるといった場合になります。

そういう場面もあるでしょうね。

ジュースの話で言うと、「組み合わせ」だと「イチゴ、ブドウ、オレンジ」の3つを選んだ時点で1パターンになるわけですけど、「順列」だと「イチゴ、ブドウ、オレンジ」の順に入れるのと、「オレンジ、イチゴ、ブドウ」の順は別物扱い。別のパターンとしてカウントしないといけません。

覚え方としては**「順番は気にしないとき」が「組み合わせ」。「順番も決めないといけないとき」が「順列」。**それぞれパターンの数を導き出す方法は異なるので、その方法をあとで教えます。

楽しみです！

まあ、「順列」なんて言葉、普段は使わないでしょうけど、実はギャンブル好きの大人であれば知っているんです。

ん？　……もしかして……競馬？

そうなんです！　「組み合わせ」と「順列」は、つまり**「馬連（連複）」と「馬単（連単）」のこと**なんです。

たとえば3連複の場合、「上位3頭にくるであろう馬」を予想すればいいだけなので、「組み合わせ」になります。でも3連単だと「1位、2位、3位の馬」をそれぞれ予想しないといけないので「順列」です。

お馬さんのおかげで、めちゃくちゃよくわかりました（笑）。

ばらつきの度合いを見る「標準偏差」

最後のひとつが「ばらつきを見る」こと。こちらは**不規則に並んだデータが対象**になります。
たとえば生徒全員のテストの点数とか、日々変わっていく株価。こういうデータを実社会で活用している人が絶対にマスターしておかないといけない「データの扱い方」というのは、実はばらつきを調べることなんです。

不規則なデータたち

A	80点
B	62点
C	45点
D	70点
E	72点

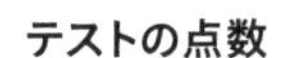

テストの点数

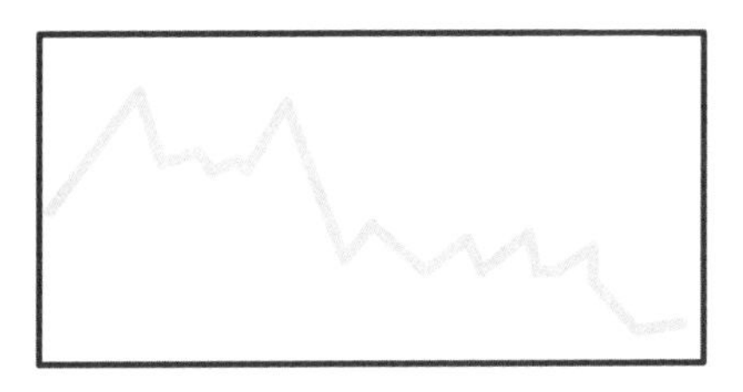

株価

不規則なデータかぁ。「平均」を調べるくらいしか思いつかない……。

それも大事です！　実は**ばらつきを見るときも「平均値からのズレ」を見ていくので、「平均」という概念も使います。**

そうなんですね（ちょっと安心）。

で、それぞれのデータの「平均値からのズレ」を1個1個調べて2乗したもので平均値を取ったら、今度は「ズレの平均」がわかるんですね。それを「分散」と言います。その「分散」のルートを取ったものを「標準偏差」と言います。不規則なデータがあったときの標準偏差を計算できるようになることが、今回のゴールです。

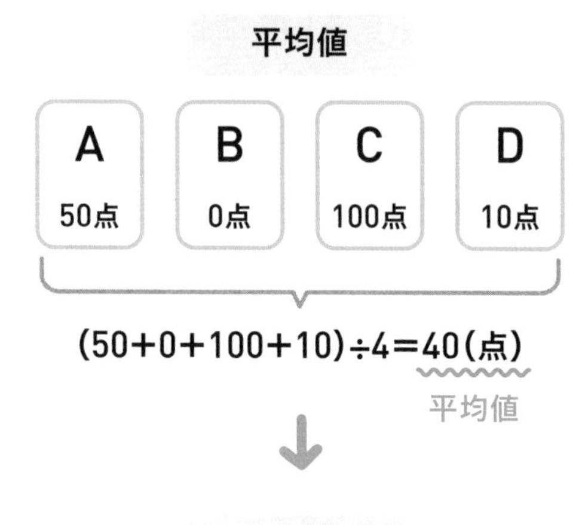

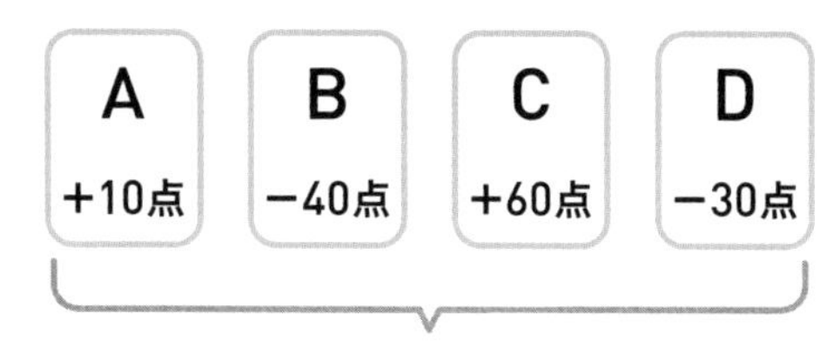

標準偏差

$$\sqrt{\text{分散(の値)}} = \text{標準偏差}$$

$$\sqrt{1550} = 39.37...$$

「標準偏差」って……。ヤバイ響キガシマス。

大丈夫です（笑）。長さを測るときにメートルという単位があるのと同じように、バラツキを測る単位として「標準偏差」というものがあると考えればいいだけなので。

長さを測る単位 → メートル、インチ、尺など
ばらつきを測る単位 → 標準偏差

もし、この値が大きければ「極端に高い値や極端に低い値が混じっているばらつきの大きなデータ」と言えますし、逆に値が小さければ「平均値に近い数値がたくさんある、ばらつきの小さなデータ」と言える、ということです。ばらつきがなければ標準偏差はゼロになります。

そう言われると少し簡単に思えました。

以上の3つが、高校文系数学を学ぶとできるようになります。いまはデータの時代と言われているわけですけど、今日の授業だけで統計学の導入部分が一瞬で終わってしまいます。

LESSON 2 時間目

2日目

「数列の足し方」を覚える

3大ニーズがわかったところで、いよいよ「数列の足し方」をマスターしましょう。数列には等差と等比の2種類があり、それぞれ足し方が異なります。

天才ガウス少年の発見「ひっくり返して足す」

じゃあ、さっそくアイテムその1の「数列を足す」からやりますか。まずは等差数列、つまり「隣同士の数字の差が同じパターン」から説明しますね。

お願いします。

これは私が小学生のときに知って感動した話なんですけど、19世紀最大の科学者でガウスという人がいて、彼は小さいときから超天才だったんです。

先生が以前、ドイツの生家を見に行ったという人でしたっけ？ 電磁波の単位にもなっている人。

カール・フリードリヒ・ガウス
(1777−1855)

そうそう。そのガウスが小学校に通っているときに何か悪いことをして、先生から罰として「1から100までを全部足し

さない」と言われたそうです。

文系にとっては校庭10周よりもキツイ……。

実際、面倒ですよ。「1に2を足したら3。3を足したら6。4を足したら10……」ってノートにずっと書かないといけないので、普通の子なら泣きながら計算するわけですよ。

でも天才ガウスくんは違いました。彼は涼しい顔でノートに向かってさらさらと何かを書いて、一瞬で「終わりました」と手を挙げたんですね。答えも合っている。先生は空いた口が塞がらない、と。

人間コンピューターじゃないですか……。

なぜそれだけ早く解けたかと言うと、彼は「解くコツ」をすぐに理解してしまったからです。そこでガウスくんは黒板で解き方を説明しました。

最初に書いたのは、数列の和です。

$$1+2+3+\cdots\cdots+98+99+100$$

ただ、これをジッと眺めていてもラチがあきません。そこでガウスくんはその数列の和の真下に、順番をひっくり返した数列の和を書いたんです。

$$1+2+3+\cdots\cdots+98+99+100$$
$$100+99+98+\cdots\cdots+3+2+1$$

ひっくり返した数列の和

ほう……。

この2つの数列、昇順と降順の違いだけで和は変わらないんですけど、上下を見比べて、何か気づきません？

いや、全然。

(笑)。上下の数字を足したらすべて「101」なんですよ。

1	+	2	+	3	+……+	98	+	99	+	100
100	+	99	+	98	+……+	3	+	2	+	1

足したら101！

じゃあ、足したら101になる上下のセットは何個ありますか？

1から100までなので、100個！

そうですね。足したら101になる上下のセットが100個あるということは、上下の数列をすべて足したら、こうなります。

$$101 \times 100 = 10100$$

ふんふん。

そして、上下の数列は「もともと答えを知りたい数列の2セット分」なんだから、この10100を2で割ればいいんです。

$$10100 \div 2 = 5050$$

よって5050が答え。1から100まですべて足したら、5050になります。

アンビリーバボー……！！

等差数列の和の計算の仕方は「ひっくり返して足す」。これで覚えてください。
この着眼点だけ理解しておけば、最後に2で割るという話も自明じゃないですか。

こんなにあっさり答えが出るものなんですか？

あっさりですよね。でも人類は長年この方法を知らなかったんです。それに気づいたのが小学生のガウスくん。彼は数列の生みの親でもあるんです。そのことを何かの本で知った当時小学生の私は、えらく感動したのを覚えていますよ。

超便利！どんな等差数列でも使える

これって数列の間隔が1じゃなくても使えるんですか？

いい質問です。もちろん使えます。たとえば間隔が2の数列の和を考えましょうか。

$$1+3+5+7+9+11$$

この数列の和を知りたいときも、「ひっくり返して足す」だけ。

1 + 3 + 5 + 7 + 9 + 11
+ 11 + 9 + 7 + 5 + 3 + 1 ←ひっくり返して

12 + 12 + 12 + 12 + 12 + 12 ←足す！

12 × 6 ÷ 2 = 36

12が6個分　←倍になっているので、2で割る

本当だ！　じゃあ……数列の最初が「1」じゃない場合は？

同じ解き方です。

たとえば「2＋5＋8＋11」という等差数列の和をひっくり返すと「11＋8＋5＋2」ですよね。上下を足すと「13」。それが4セットあるから「13×4」で52。
最後にそれを2で割ると26。

どうです、簡単じゃないですか？

簡単だし、よく考えると実際に数列を書き出さなくても、最初の数字と最後の数字を足して何セットあるか見ればすぐに計算できちゃうわけですよね。

すばらしい！　そうなんです。

公式の丸暗記は厳禁！

でもこれ、公式みたいなものがありませんでしたっけ？

もちろんあります。ただ、本当に重要なのは「ひっくり返して足す」という、いま解説した解き方です。だって**先ほどの説明が理解できたなら公式なんて覚える必要はない**んです。

いつでも自力で公式が導き出せる状態になっておくことが、数学を学ぶ上で重要な姿勢なんですよ。

むしろ**公式にしたとたん必要以上に難しそうに見えて文系の人の頭に入らない**という弊害があります。

ああ、私の記憶の引き出しに等差数列の話がひとかけらも残っていないのは、公式で習ったからかもしれませんね。ガウス少年のエピソードで教わっていたら違ったかもしれない……。

そこなんです。

教科書ってページを開いたらいきなり仰々しい公式が出てくるじゃないですか。それを見て「うぉー！　すげー！　数学面白ぇ～」って思う子って、ほとんどいないですよね。

徹底して学ぶべきは「考え方」であって、公式ではありません。

私も公式なんてまったく覚えていないので！（キッパリ）

はい。でも「考え方」をしっかりと覚えているから40年経ったいまでもパパッとその場で解けるんです。

等差数列の和の公式を導く

という前提を踏まえて、いまから公式を導き出していきます。「教科書に書いてある摩訶不思議な式はこういう意味なんだな」と理解してもらうためだと理解してください。

お願いします。

とりあえず「1, 3, 5, ……, 11」の数列にしましょうか。
この数列の先頭の数字を「初項」と言います。今回は1です。初項を表現する文字はなんでもいいんですが、数学界のお作法にならって「a」としておきましょう。

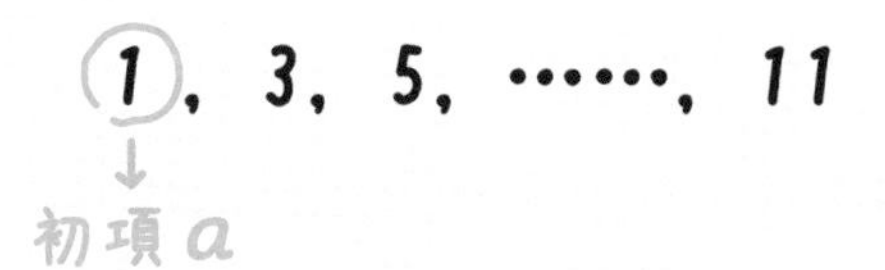

次に、数字同士の差のことを「公差」と言います。数学だと差を意味するディファレンシャル（differential）の頭文字をとって「d」と書くことが多いです。今回は2。

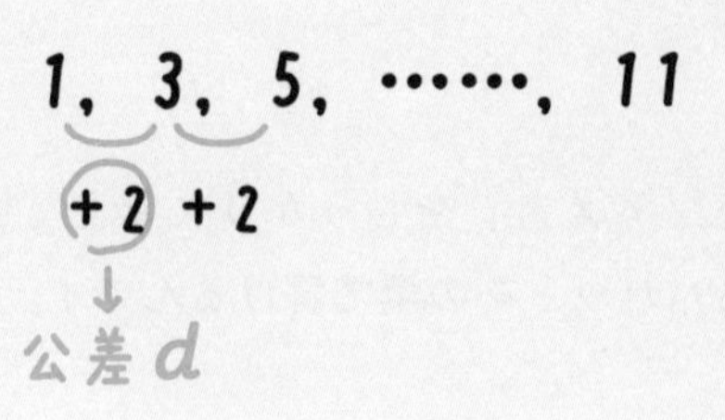

あれ？　なんでわざわざ英語の文字に置き換えているんでしたっけ？

代数なので、数列を、数学の「式」として表記するためです。たとえば初項aと交差dを文字で表記することによって、「数列のx番目にある数字y」が、式で表現できるようになります。

〈等差数列の一般項の式〉

$$y = a + d \times (x-1)$$

x番目の数字　初項　公差　公差の足し算を繰り返す回数

この式のことを教科書では等差数列の一般項の式と言ったりします。ようは「x番目の数字を計算するための式」という意味です。43ページの2453番目の数値はこれで計算しました。

いきなり数学臭が……。

でも内容はシンプルでしょ。ただし、右端の「$x-1$」って気になりません？　なんでいきなりマイナス1が出てくるんだって。

「いきなり感」はありますね、たしかに気になります。

たとえば3番目の数字が知りたいからと言って、そのまま「$a+d\times3$」にすると、計算が合わないんですよ。
「1, 3, 5, ……, 11」の数列だと**3番目の数字は「＋2」の公差が2回**発生しますよね。「1＋2＋2」が5なので。だから3番目のときは3回じゃなくて、2回。

x番目の数字は公差を$x-1$回繰り返し足した結果なんです。

実際にこの一般項の式を使ってみましょうか。

数列「1, 3, 5, ……」の6番目の数字は？
初項は1、公差は2

公式 $y=a+d\times(x-1)$ より、
$y=1+2\times(6-1)$
$y=11$

ちなみに数列の1番目の数字なら公差は1回も発生しませんよね。それもxに1を代入したらわかります。「1－1」は「0」になりますからdが消えて、初項の1だけが残る。

おお……。でも1カ月くらいしたら記憶が曖昧になって「マイナス1するんだっけ、そのまま順番を入れるんだっけ」って迷いそう……。

それが式を覚える弊害で、記憶頼りになると凡ミスを起こしやすい。不安になったら実際に数列を書いて試して

みればいいんです。次に、この式を使って等差数列の和を計算する式を立てます。

もう終わりだと思っていました（笑）。

あと少しです（笑）。

先ほどの一般項の式を使って等差数列の和を書いてみましょう。

〈等差数列の和〉

$$\underbrace{a}_{1番目}+\underbrace{a+d}_{2番目}+\underbrace{a+2d}_{3番目}+\cdots+\underbrace{a+d(x-1)}_{x番目}$$

最初の数字は初項のaですよね。2番目の数字は、公差が1回しかないので「$a+d\times1$」、つまり「$a+d$」。3番目は公差が2回あるので「$a+2d$」。そして最後の数字は「$a+d(x-1)$」。x番目の数字は公差を$x-1$回繰り返し足すわけですから。

はい。

次に、ガウス少年を思い出して、この数列の和をひっくり返して上下を足しましょう。

$$
\begin{array}{lllll}
 & a & +a+d & +a+2d+\cdots & +a+d(x-1) \\
+) & a+d(x-1) & +a+d(x-2) & +a+d(x-3)+\cdots & +a \\
\hline
 & 2a+d(x-1)+\cdots & & & +2a+d(x-1)
\end{array}
$$

実際には先ほど郷さんがおっしゃったように、最初の数字と最後の数字を足してみればいいんです。

$$
\begin{aligned}
&a+a+d(x-1)\\
&=2a+d(x-1)
\end{aligned}
$$

ではこの「$2a+d(x-1)$」が何セットあるでしょうか？

えーっと……x個。

そうですね。だから「$2a+d(x-1)$」にxをかけて、2で割れば等差数列の和が出せます。

$$
\frac{\{2a+d(x-1)\}x}{2}
$$

ほう。なんか……複雑ですね……。

実は**これが「等差数列の和の公式」**と言われるものです。**でも、こんなの覚えなくていいんです。**学校だとこれを2、3時間かけて教えて、生徒たちは見事に撃沈するわけですよ。

もともと代数は文字にどんどん置き換えていくのが特徴ではあるんですけど、慣れない人にいきなり文字と公式のシャワーを浴びせてもついていけないじゃないですか。でもガウス少年の話だと、本当は小学生でも理解できるんですよ。

たしかに簡単でした。

でしょう。とにかく**「ひっくり返して上下を足せば、全部同じ数字になるじゃん」**ということがわかればいいんです。文字や公式はどうでもいいんです。

やさしい（涙）。

ということで、今日から郷さんもどんな等差数列も自在に足せるようになりました。

ここがポイント！〈等差数列の和の公式〉

項数n

$\overbrace{a, \cdots\cdots, \ell}$

↑初項（最初の数）　↑末項（最後の数）

初項がa、末項がℓ、項数がnである等差数列の和は

$$\frac{n(a+\ell)}{2}$$

ただし$\ell=a+d(n-1)$、公差はd

✱丸暗記は要注意！「ひっくり返して足す」で覚える！

秀吉もビックリした！曽呂利新左衛門（そろりしんざえもん）のお話

次は等比数列を見ていきましょうか。「隣同士の数字の比率が同じパターン」です。

これも私の好きな話があって、豊臣秀吉の時代に秀吉が抱えていた曽呂利新左衛門という落語家がいるんです。YouTubeもない時代ですから、秀吉が暇になったときに新左衛門が面白い話をして喜ばせていたんでしょう。

秀吉はそれに対して、「お前は面白いから褒美をとらせよう。何がよいか？」と聞いたんですね。

すると彼は「いや、褒美なんて滅相もございません。しいていうなら、米1粒でいいです」と答えたんです。

なんと謙虚！

ですよね。
秀吉も驚いて「え、本当に米1粒でいいのか？」と聞き返した。

そこで新左衛門は「ただし……」と切り出して、ある条件をつけ加えたんです。

「次の日はその倍をください。その次の日も倍を。それを1カ月だけ続けてください」と。

2日目は2粒、3日は4粒と増えていくのを31回続けるということですか？

そうです。すると秀吉は「たいしたものではなかろう」と思って「うん、いいよ！」と言っちゃったんです。

さて問題。曽呂利新左衛門は1カ月後、トータルでどれだけの米をもらうことができるでしょう？

うーん……10万粒くらいですか？

残念。約21億粒（笑）。米俵800俵くらい。

新左衛門にすれば「してやったり」ですね。

そう。数学の知識は金になる（笑）。逆に言えば、この計算方法を知らないと秀吉のように後悔するかもしれない。

その計算方法はまたガウスですか？

詠み人知らずで誰が発見したのかはわかっていません。と言うか、私は知りません。ただ、時代としてはガウスのあとです。等差数列でやった「ひっくり返して足す」という小学生レベルのひらめきも試してみたけど、等比数列ではうまくいかなかった。そのときにまったく新しい解き方を見つけた天才がいるんです。

どんな解き方か知りたいですよね。

知りたいです！

続きはウェブで！（笑）。

⇨ 等比数列は「かけてズラして引く」

じゃあ、やりましょう。たとえば「1, 2, 4, 8, 16」という等比数列の和が知りたいとしますね。

1＋2＋4＋8＋16はいくつになる？

「ひっくり返して足す」作戦がうまくいかないことを確かめてみてください。
さて、本書の中学版読者であれば、「わからないものはxと置く」という考え方が数学の可能性を一気に広げたことはご理解いただいていると思います。

今回求めたいのは……「数列の和」か。

そう。そこがわからない。だから「$x=1+2+4+8+16$」という式が立ちますね。

$$x=1+2+4+8+16$$

↑

わからないからxと置く

次がすごいんですけど、いまの式を見て「両辺に2をかけたらどうなるかな？」と考えた人がいるんですね。実際に2をかけるとこうなります。

$$x = 1 + 2 + 4 + 8 + 16$$
$$2x = 2 + 4 + 8 + 16 + 32$$

← 両辺に2をかけた結果

ちょ、ちょっと待ってください。両辺にかけた2ってどこから来たんですか？

この数列の「公比」です。**等比数列では繰り返されるかけ算の値を公比と言って、数学だとよく*r*と書きます。**今回は公比が2なので、ためしに式全体を2倍してみようと。

ふーん。

この上下の式を見て、何か気づきませんか？

うーん。さっぱり……。

じゃあ下の式を書く位置を、ちょっとだけ右にずらしましょう。

$$x = 1 + 2 + 4 + 8 + 16$$
$$2x = \quad\quad 2 + 4 + 8 + 16 + 32$$

すると、両はしの1と32以外は上下で同じ値になることに気づきませんか？

本当だ……。

x ＝の答えを知りたいので、さらに上下の式を入れ替えて引いてみましょう。

$$
\begin{array}{rrl}
 & 2x = & \quad 2+4+8+16+32 \\
-) & x = & 1+2+4+8+16 \\
\hline
 & x = & -1 \qquad\qquad\qquad +32 \\
 & x = & 31
\end{array}
$$

するとまあビックリ。長い数列の真ん中がバサッと消えるんです。

しかもちゃんと「**x＝**」の形になってるし……。

そう！　つまり「**1＋2＋4＋8＋16**」という等比数列の和は、「**−1＋32**」で「**31**」。これが答え。一瞬で解けます。

プリンセス・テンコー……いや、昭和ですみません（笑）。マジックを見ている気分っす……。

覚え方としては「かけてズラして引く」です！

数学っぽく言えば、**数列の最後の値（今回は16）を公比倍（今回は2倍）にして、初項（今回は1）を引いたものが、等比数列の和**ということ。

これさえ覚えていれば新左衛門や秀吉の立場になってもOKで

す。ノーベル賞もののひらめきだと思います。
これで数列は終わり。等差と等比を制覇。中学数学より簡単でしょ？

⇨等比数列の和の公式を導く

これも公式があるんですよね？

あります。高校生の教科書を見ても頭がクラクラしないように、公式の導き出し方を説明しておきましょう。

初項は等差数列と同じで「a」、公比は「r」と書きます。

1，2，4，8，16
×2　×2 → 公比 r
初項 a

数列の和のことは、Sと書くことが多いんですね。「和」を意味するSumのことです。もちろんyでもいいんですけど、新しい記号に少しずつ慣れていきましょうか。

まず、x番目の項、つまり一般項の式は次ページのように表せます。
よりわかりやすくするため、繰り返す回数は、等差数列も等比数列も同じ意味のxにします！

〈等比数列の一般項の式〉

$$y = a \times r^{x-1}$$

y：x番目の数字　a：初項　r：公比　$x-1$：公比のかけ算を繰り返す回数

r^{x-1}って……r^2とかr^3とかですか？

「$a \times r \times r$」とか「$a \times r \times r \times r$」と書いてしまうと、「$r$のかけ算を$x$回繰り返す」という表現ができないんです。

ん？「$a \times r \times x$」じゃダメなんですか？

それだと意味が変わってしまうんです。たとえば3^2って「$3 \times 3 = 9$」ですけど、「3×2」にしてしまうと「6」になってしまいます。

ああ、そうか（赤面）。

気にしないで大丈夫！　**数字の右肩に乗っている数字のことを指数と言います。**次回の授業で詳しくやるんですけど、高校数学以降は当たり前のように出てくるので、いまのうちに理解を正してもらえてよかったです。

初項は$x = 1$なのでr^0。

え？　先生、r^0ってなんですか？

それも次回やりますけど、どんな数でも0乗をしたら1になります。気になる方は156～170ページをご確認ください。

すると等比数列の和を求める式はこんな感じで書けるんですね。

〈等比数列の和〉

$$S=a+ar+ar^2+ar^3+\cdots+ar^{x-1}$$

ではこの式を、詠み人知らずの天才がひらめいた方法で調理して、和の公式を導き出します。ポイントは「かけてズラして引く」です。

$$S=a+ar+ar^2+ar^3+\cdots+ar^{x-1}$$
$$rS=\quad ar+ar^2+ar^3+\cdots+ar^{x-1}+ar^x$$

↑両辺に公比 r をかけ、右辺をずらす

$$rS=\quad ar+ar^2+ar^3+\cdots+ar^{x-1}+ar^x$$
$$-)\ S=a+ar+ar^2+ar^3+\cdots+ar^{x-1}$$

←引き算をする

$$rS-S=-a+ar^x$$
$$rS-S=ar^x-a$$

ここまで大丈夫ですか？

うーん……上の2行目で「ar^x」って出てくるのがちょっと……。

あ、なるほど。ar^{x-1} というのは言い換えると「$a\times r\times r$……」の「$\times r$ が $x-1$ 回続く」という意味ですよね。それに r をもう

1回かけるわけですから、「$\times r$が1回増える」ということと同じ。
だから「x」乗。こうした指数の計算はあとでまた出てきますのでご安心ください。

そうか。

では最後の$rS-S=-a+ar^x$という式をちょっとだけ変形しながら、最終的に「$S=$」という式になるようにします。

S？　**あ、いま公式を導いていたんでしたね。**

はい（笑）。
左辺はSが共通しているので、Sでくくります。
右辺はaが共通しているので、aでくくります。
これは中学版でやった因数分解ですね。

$$rS-S=ar^x-a$$
$$(r-1)S=(r^x-1)a$$
$$S=\frac{(r^x-1)a}{r-1}$$

最後に両辺を$(r-1)$で割って、左辺をSだけにします。これが、教科書に載っている**等比数列の和の公式**です。
または分母分子とも-1をかけた以下の式もよく使われます。

〈等比数列の和の公式〉

$$S = \frac{a(1-r^x)}{1-r}$$

ただし、rは1ではないとします。rが1のときはすべての項が同じで、和が$a+a+a+$……となるので、公差がゼロの等差数列になり、公式は不要ですね。

新左衛門の話をあてはめれば、初項のaは1ですね。分母の$(r-1)$は、$(2-1)$なので1。つまり計算が必要なのは(r^x-1)だけ。

じゃあxは何かというと、1カ月が31日なら31。よって「$2^{31}-1$」が答え。

おおーーーー。

もちろんこの公式も私はまったく覚えていません（笑）。いまチャカチャカやって導き出しただけです。

大事なのは「かけてズラして引けばいい」、でしたよね。

そういうことです。

ただ先生。2^{31}ってどうやって計算するんですか？

鋭い！　基本的に電卓でやりますが、次回の授業で指数を扱うときにまた説明しますので少しお待ちください。いま確実に覚えていただきたいのは等比数列の和の出し方です。

ということで、なんと数列の和が終わっちゃいました。「データを扱う」ための3大アイテムのひとつ、「数列を足す」というアイテムゲットです。

ここがポイント！〈等比数列の和の公式〉

初項がa、公比がr（ただし$r \neq 1$）、項数がnである等比数列の和は、

$$\frac{a(1-r^n)}{1-r}$$

丸暗記は要注意！　「かけてズラして引く」で覚える！

数列を扱うときの記号を知っておこう！

で、このまま次の話に行く前に、数列を扱う上で知っておいたほうがいい記号について補足させてくださいね。

あ、補足は遠慮します！（笑顔）

いや、聞こうよ（笑）。このあとほかのアイテムを拾っていくときにどうしても使うんですよ。先に中身は理解してもらったので、もうね、数学の授業というより、「外国語の授業なのね」と割り切ってもらえれば。

そう言われると文系の私でも辛抱できそうな気がします（笑）。

まず数列の和なんですけど、先ほどは「***S***」という表記と、「**1＋2＋3＋…＋100**」みたいな表記を使いました。これをもっとかっこよく書くときに使うのがギリシャ文字のΣ（シグマ）です。

シグマ？　私の中では長年「Mを上手投げで倒したみたいなやつ」でしたけど。ギリシャ文字って読めないから本当にイライラするんですよね。

Σって難しそうに見えますけど、実はギリシャ語のsを大文字表記したものにすぎないんです。私もこの前ギリシャに行ったんですけど、そこら中にΣが溢れていましたよ。

へーー。***S***だったんですね。

はい。怖がる必要はありません。数式でΣを見たら、「等差数列か等比数列の和のことだな」と思ってもらえればOK。

ラジャー！

で、この**Σの上下と右側に、数列の具体的な情報を足していく**んですよ。

たとえばガウス少年が解いた「1, 2, 3, ……, 100」という数列の和をΣを使って書くと、こうなります。

等差数列「1, 2, 3, ……, 100」の和

$$\sum_{k=1}^{100} k$$

なんじゃこりゃ。

外国語です。

いきなり「k」って言われても……。

でしょう。この謎の「k」はダミー変数と言って、「何番目かを示す数字」のこと。別にkじゃなくても、mでもpでもzでもいいんですけど、ダミー変数の値は必ず1つずつ増えていく。そういう決まりがあります。

ん？

もう少しだけ説明しますね。そのkの「変化の範囲」を明記しているのがΣの上下に書かれた数字です。下の「$k=1$」は「kは1から始まるよ」という意味で、上の「100」は「kは100で終わるよ」という意味です。これを**「始点」**と**「終点」**とよく言います。

ガウスくんの数列だと、kの始点は1で、終点は100。

新左衛門の数列だと、**k**の始点は1で、終点は31です。

31？　数列の先頭と最後の数字じゃないんですか？

ここは勘違いしやすいんですけど、違うんです。

ダミー変数とはあくまでも「何番目かを示す数字」。たしかにガウスくんの等差数列（1, 2, 3, ……, 98, 99, 100）に限って言えば、**k**の値と、数列に格納されている値がたまたま同じですから、見分けがつかないんですけどね。

（5秒考える）……あ、そういうことか！「ダミー変数の値は1つずつ増えていく」って言われて謎だったんですけど、たしかに「3.6番目」とかないですからね。

そういうこと！　で、Σの右には「数列の規則性」を表す式を書くんですよ。その式ってすでにやりましたよね。

〈等差数列の場合〉

$$a+d(k-1)$$

〈等比数列の場合〉

$$ar^{k-1}$$

あ、一般項とかいうやつですね。k番目にくる数字を、式で表したやつ。

そう！　ガウスくんの等差数列の場合、初項aと公差dは両方とも1なので、それを代入すると「$1+1(k-1)$」で、結果的に「k」しか残らないという話です。

ここが ポイント！〈シグマ記号を用いた数列の和の表記〉

数列 $a_1, a_2, \cdots, a_n$の和をシグマ記号（Σ）で表すと、

$$\sum_{i=1}^{n} a_i$$

a_iはその数列の一般項のこと。iに入る数字を1からnまで1つずつ変化させ、すべてを足しなさい、という意味。

そういうことか。で、Σには2種類あると……。

違います！　Σは「この数列の和だよ！」という意味にすぎず、1種類しかありません。数列というものが等差数列と等比数列の2種類あるというだけ。

あぁ、なるほど。ちなみに新左衛門の数列だとどう書くんですか？

一般項は、$1 \times 2^{k-1}$なのでこうなります。

初項1、公比2、項数31の等比数列の和

$$\sum_{k=1}^{31} 2^{k-1}$$

えーっと、**k**が「何日目」を示すダミー変数でしたよね。だから初日の**k**は1。すると2^{1-1}なので、じゃあ初日は1で、2日目は2。3日目は……。

あ、ストップ！　もしかして2^{k-1}に日数を代入したら数列の和が計算できると思っていません？

ええ、そうですけど……。

違うんです。2^{k-1}**は一般項なので、「k日目にもらえる米の数」です。「k日目の時点でもらえた合計の数」ではありません。**

あ！

Σは「数列の和」を示す記号にすぎず、公式ではないんです。これをジッと眺めたところで実際の和は出てきません。記号はあくまでもカッコよく書くための「単語」に過ぎません。数列の和の計算は「かけてズラして引く」をしないといけないんです。

……いまのくだり、原稿を書くときにカットしていいですか(小声)。

いやいや、でも同じような勘違いをする人はいるでしょうね。代数って文字が多いから圧倒されやすいんですけど、実は何かを示す記号にすぎないケースばかりで、**文字にしたから魔法がかかるわけじゃない**。

なんでわざわざ小難しい表記にするんですか？

「数列の和」をコンパクトに表記できるからです。

コンパクト？

複雑な計算をするなかで「数列の和」を扱わないといけないような場面もあるんです。そんなときにいつも＋…＋と書いていると、長ったらしくて不便だから。

あぁ、ひとつの式の中に和がいっぱいある、みたいな。

そう。和同士をかけ算したり。逆に言えば、目の前に数列が1つあって、単にその和を知りたいときは、わざわざΣを使う必要はありません。

そういうことかぁーー！

「和」つながりで少し脱線すると、数学の世界には同じく「和」を意味する**「Sを縦にビヨーンと伸ばした記号」**もあるんです。これは主に高3の理系数学で習う**積分のことで、インテグラル記号**と言います。あとで勉強しますが、「極限まで細かくしたものを足したときの和」のことで、**数列の和**

のΣも、積分の縦長のSも、実は同じSなんです。

数列の和　Σ

積分　∫

いずれもsum（和）のSを
意味する！

統一すればいいのに。

意味が少し違うんですよ。Σは数列を扱うのでダミー変数は1つずつしか増えません。一方で積分はいわばダミー変数を極限まで細かくして足していくという違いがあります。

じゃあ積分だと、「3.6番目」も扱える？

はい。この違いも知っておくと便利です。

先生も普段Σはよく使うんですか？

式を立てるときは使います。でも、実際に計算するときはエクセル任せですけどね。

渋滞学の研究でもエクセルを多用されるんですか？

めちゃくちゃ使い倒しています。そもそも数列の足し算もどんどんコンピューターに任せればいいんです。でもコンピューターが何をやっているのかを理解することって重要じゃないですか。そのときにいまの数列の話を知っているか知らないかで全然違うと思うんですよ。

それにデータ解析や統計の入門書を開いたら、冒頭からいきなりΣが出てきますから。

そうか。というか、Σをシグマと読めるようになっただけで賢くなった気がする（笑）。

ということで足し方とΣの説明もやったので、数列は終わりにしましょう。たぶん学校だといまの話を3、4カ月かけて教えると思います。とにかく覚えてほしいのは、ゴチャゴチャした公式ではありません。

等差数列は
ひっくり返して足す！
等比数列は
かけてズラして引く！

この法則だけ！　これは数列で困った人にとって魔法の呪文になりますから覚えておいてください。

コラムまんが

数学の記号は魔法詠唱と思え

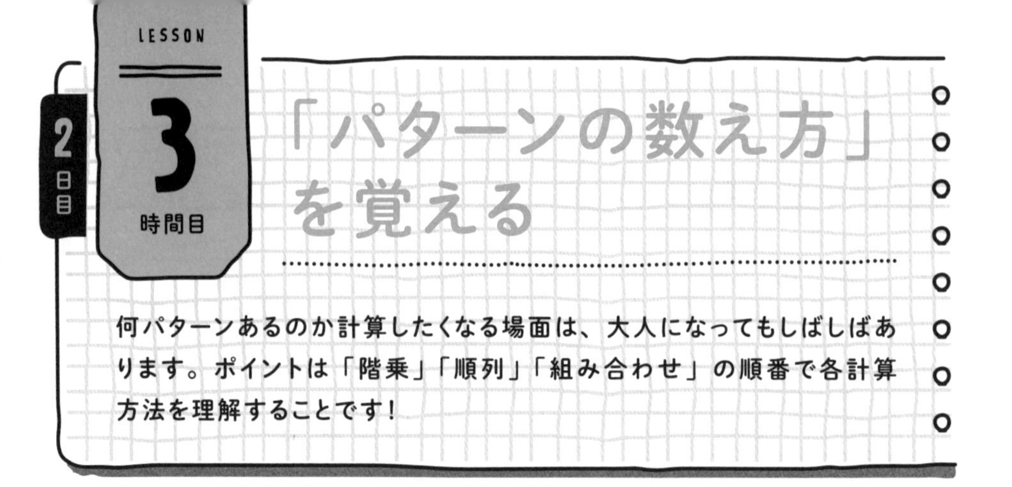

LESSON 3 時間目

2日目

「パターンの数え方」を覚える

何パターンあるのか計算したくなる場面は、大人になってもしばしばあります。ポイントは「階乗」「順列」「組み合わせ」の順番で各計算方法を理解することです！

競馬でわかる「順列」と「組み合わせ」

では「データを扱う」というボスキャラをやっつける第2のアイテム、「パターンの数え方」を勉強しましょう。

馬連と馬単ですね！

そうそう。R18の本は話が早くて助かるなぁ（笑）。じゃあこのまま競馬のたとえで続けましょう。

あるレースでA、B、C、D、Eの5頭が出走するとします。この5頭のなかから上位2頭になりそうな馬を予想する。これが「馬連」です。数学的には「組み合わせ」。もし「AとB」という馬連を買ったら、AとBの馬が上位2頭になれば大当たりで、どっちが1位であろうと関係ない、と。

ペアを選ぶということですね。

はい。一方の「馬単」は1位と2位の馬をピンポイントで予想しないといけません。数学的に言えば「順列」。

ここが ポイント!〈順列と組み合わせの違い〉

組み合わせ→n個からk個を選ぶときのパターンの数
順列→n個からk個を選んで1列に並べたときのパターンの数

「AとBの勝負になるだろう」と思って「A－B(1位がA、2位がB)」という馬単を買っても、「B－A」という結果になったらそれは外れなので、JRAの職員を捕まえて「惜しいじゃん！ハナ差じゃん！」と泣きついてもダメ。警備員が飛んできます。

予想が難しいのは馬単ですよね。

はい。パターンが多いからですね。とまあ、これが馬連と馬単の違いでそんなに難しい話ではありません。
問題は、馬連と馬単がそれぞれ全部で何パターンあるか？　全パターン買えば絶対にどれか当たりますけど、収支的にはマイナスだろうと。そこで「何パターンあるか」をササッと計算したいニーズが湧き出てくるわけですね。

そこですよね。日常生活でも使えそうなものなのにまったく覚えていません。

ではどうやるか。**方法その1は「とにかくがんばる」（笑）。**ひたすら数えるという方法があります。5頭くらいならできますけど、中央のメインレースは18頭くらいいるから全パターンを書き出すのは至難のワザ。

そこで方法その2。中学版でも言いましたが**巨人の肩に乗って、便利な公式を使わせてもらう**ということです。

ステップ①階乗の計算方法を知る

ということでその公式ですが、めちゃくちゃ簡単です。
ただ、いきなり馬連と馬単の式に行く前に、まずは5頭立てのレースで1位から5位に入る馬の**全パターンを計算する方法を教えましょう。するとあとの話がスッと理解できます。**

お願いします。

ここで「A－B－C－D－E」「A－B－C－E－D」「A－B－D－C－E」みたいにがんばって書いてもいいですけど、それだと腱鞘炎になりますし、いくつか忘れるかもしれません。そこで登場するのが、**驚きのアイテム、「！（びっくり**

マーク）」です。

え！（笑）。

冗談ではないです。「階乗（かいじょう）」と言うんですけど、5頭立てレースで考えうる着順は何パターンあるかの答えは「5!」と表せます。間違っても「ゴッ！！！」と読まないでください。正しい読み方は「5の階乗」です。

どう計算するんですか？

「5!」は「5×4×3×2×1」と計算します。「5」からスタートして、1になるまで1つずつ数を減らしていって、その数を全部かけ算します。

$$
\begin{aligned}
5! &= 5 \times 4 \times 3 \times 2 \times 1 \\
&= 120
\end{aligned}
$$

答えは120になります。

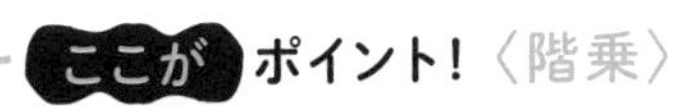

ここがポイント！〈階乗〉

n!（nの階乗）とは、1からnまでのすべての整数の積のこと

例：3!=3×2×1=6

そんなにいっぱいあるんだ。たしかにがんばって書き出すのは限界があるな……。じゃあ、6頭立てのレースなら「6!」で、「6×5×4×3×2×1」。「5!」が120なら、それに6をかければいいんだから……720ということですか？

すばらしい！
あと、一応決め事として**「0!」は「1」とする**ので覚えておいてください。

でも18頭（18通り）くらいになるとかけ算も大変じゃないですか？

そこで**スマホの出番です**。郷さんはiPhoneユーザーでしたよね。「画面の縦向きロック」を解除して、iOS標準の電卓アプリを立ち上げて、スマホを横にしてください。

あっ、中学版でも使った関数電卓ですね！

そうそう。**関数電卓に「x!」というボタンがある**んです。

あっ、いた。**ごめんね、いままで存在を無視してて（笑）**。

（笑）。
じゃあ「18」と打ち込んでから「**x!**」を押してください。

ぐおっ！

6,402,373,705,728,000

け、桁を数える気も起きない……。

ちょっと見せてください。えーっと、約6400兆通り（笑）。これをがんばるのはムリゲーですね。
実はエクセルでもできます。FACT関数というのを使うんですけど、「＝FACT（18）」みたいに階乗したい数値をカッコの中に直接書くか、あるセルに18と書いて、「＝FACT（A1）」みたいにセル番号を指定してもいいです。

〈エクセルでの階乗の計算方法〉

＝FACT（階乗したい数値）
　例：＝FACT(18)
または
＝FACT（階乗したい数値が入ったセル番号）
　例：＝FACT(A1)

パソコンがあるのでちょっとやってみます。……あれ、「6.40237E＋15」って出ます。数字がでかすぎてErrorが発生したみたいです。

Eってそういう意味じゃないです（笑）。**エクセルって15桁までしか表示しきれないんですよね。「E＋15」というのは「10^{15}（10の15乗）」という意味**で「6.40237×10^{15}」ということになります。

ん？　「テン」ですか？

はい。よ〜く見たら「6,402……」ではなく、「6.402……」と表示されていますよね。これはつまり**「6を含めれば16桁の数字ですよ」**ということです。

iPhoneの電卓でも縦のシンプルバージョンに戻すと同じ表記がされるはずです。

……本当だ。

高校数学とは関係ないですけどEの見方を知っておくと便利ですよ。ほかのパターンはこんな感じです。

$$1E+2 = 1 \times 10^2 = 100$$

$$3E+3 = 3 \times 10^3 = 3000$$

$$5.5555E+4 = 5.5555 \times 10^4 = 55555$$

へーーー（×3）。

だから、階乗を知っていれば全パターンを数えるのは簡単なんですよ。ただ……。

ただ？

なんで数をひとつずつ減らしたものをかけ算すると全パターンが数えられるのか知りたくないですか？

たしかに、いきなり公式を知ってしまったから、理由まではわからないもんなぁ〜。

そうなんです。

とはいえ簡単です。たとえば「3!」を考えましょうか。A、B、Cという名前の馬がいて、着順は何パターンあるか、という問いですね。まず「1位にどの馬がなるか」。これって何通りの可能性がありますか？

A、B、Cのどれかなので3通りです。

そうですね。では1位がAで決まったと仮定したら、「2位にどの馬が入るか」。これは何通りの可能性がありますか？

残っているのが2頭なので、2通り。

そう。いま頭のなかで「**3－1**」という引き算をしましたよね。それがポイント。組み合わせを数えるときに便利な概念で、まずは**枠を3つ考えるんです**。

今回だと1位の枠、2位の枠、3位の枠を。そしてそれぞれの枠に何通りの可能性があるかを考えていくと、選択肢の数はひとつずつ減ります。すると、全パターン数はそれらをかけ算した分だけありますね。

これはわかりやすいかも。

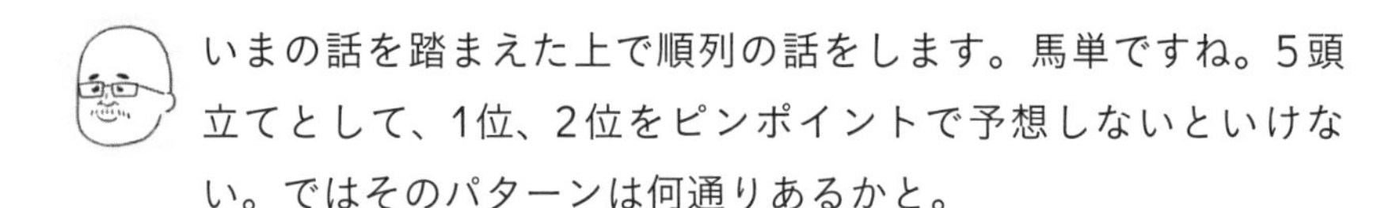

ステップ②順列の計算方法を知る

いまの話を踏まえた上で順列の話をします。馬単ですね。5頭立てとして、1位、2位をピンポイントで予想しないといけない。ではそのパターンは何通りあるかと。

はい。

ここでも使うのは枠なんです。今回使うのは、1位の枠と2位の枠の2つだけ。すると1位の枠に入る可能性は何通りでしょう？

5通りです（ドヤ顔）。

すんごいドヤ顔ですが、その通り（笑）。では2位の枠に入る可能性は何通りありますか？

選択肢が1個減るので、4通りです。

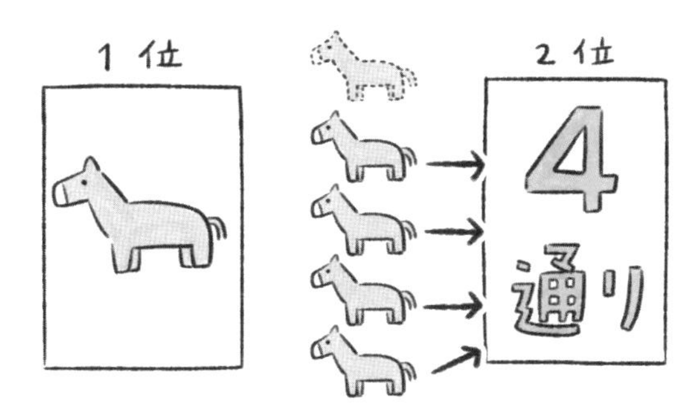

そう。**5×4＝20**（通り）というのが答えです。ハイ、順列終わり！（笑）。

もう終わりですか？

びっくりしますよね〜。

ステップ③組み合わせの計算方法を知る

じゃあ次は組み合わせ。上位2頭のペアの組み合わせは何通りあるか、ですね。

うーん。「力技で書き出す」しか思いつかない……。

実は、ここで機転を利かせて順列を使うんです。組み合わせを知りたいときはまず順列を計算する。これがポイントです。

20通りあることがわかったやつですか。

はい。この20通りのパターンなんですけど、A－BもあればB－Aもあるわけです。C－DもあればD－Cもある。同じペアだけど順番が違うということで**重複カウントされていますよね。**

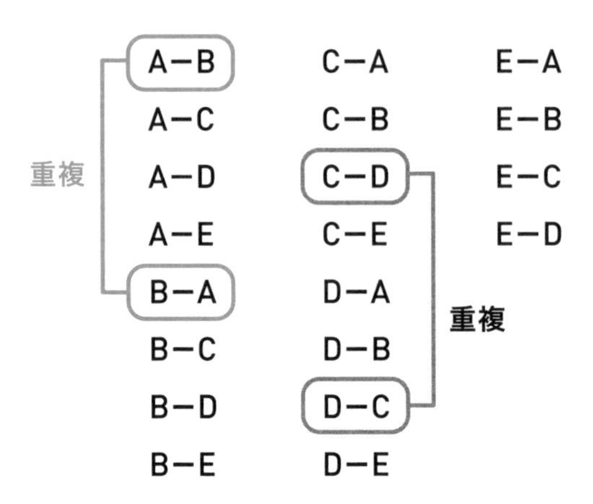

で、いま知りたいのは上位2頭のペアの数ですよね。なにか気づきませんか？

もしや……**20の半分？**

そうなんです！　だから20を2で割って、答えは10通り。これも簡単ですよね。

知ってしまえば（笑）。

じゃあ、念のために三連複をやりましょうか。1位、2位、3位のどれかに来る上位3頭を当てます。

じゃあ、今度は私がやってみていいですか？

その心意気いいですねー。じゃあ、同じく5頭立てということで、まずは三連単（順列）からお願いします。

えっと、1位、2位、3位の枠を用意するんでしたよね。そしてそれぞれ何通りの可能性があるか書いていく……。1位は5通り、2位は4通り、3位は3通り。全部かけると……60通り！

そうです。1位、2位を当てるときは20通りでしたが、今度は60通りになりました。これを的中させるのは至難の技です。私も生涯で1回しか当てていません（笑）。

次が三連複の組み合わせですよね。**60を……2で割る？なんか違う気が。**何で割ればいいんだろ……。

キレイに詰まっていただきありがとうございます（笑）。

今回は枠が3つあるので、仮にA、B、Cを選ぶにしても60通りのなかに「A－B－C」とか「A－C－B」とか「B－A－C」とか、いろんな組み合わせがあるんですね。悩ましいのは**「その重複した組み合わせが何個あるのか？」**。先ほどは「A－B」か「B－A」の2個しかなかったので、2で割ればよかったわけですけど。

うう……、文系の私には遠い国の話にしか聞こえません。

実はさっきやったばかりなんです。

冷静に考えると、それって「A、B、Cの3頭からなる1位、2位、3位の着順は何通りあるか」という問いと同じ。

あ。

言い換えると「A、B、Cの3頭立てレースで着順の組み合わせは何通りありますか？」という問いになります。

あぁぁ！　「3!」でしたっけ！？？

はい。3×2×1で6。60通りのなかに、組み合わせが重複しているものが6通りあるということです。

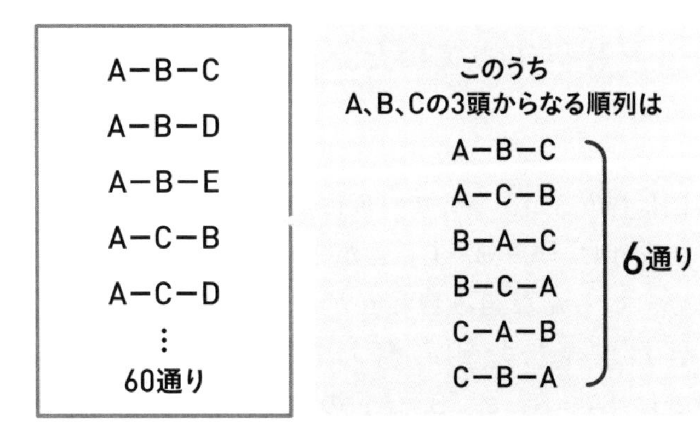

ということは、60を3!で割ればいいんです。答えは10。

$$\frac{\boxed{5} \times \boxed{4} \times \boxed{3}}{3!} = \frac{60}{6} = 10（通り）$$

先ほど2で割ったのも実際には2!（2の階乗）で割っているんです。たまたま「2!」が「2」であっただけで。

へえ。じゃあ競馬のオッズも三連単は三連複の6倍くらいになるということですか。

鋭い！　**三連単のオッズが三連複のオッズより6倍以上離れてなければギャンブル的には割に合わない**と競馬マニアであれば誰でも知っているんです。

⇨「順列」と「組み合わせ」の式を理解する

ではいまの話を、数学っぽい式としてまとめさせてください。

いままで5頭立てだ、18頭立てだと言ってきましたけど、この**頭数のことを数学ではn個と表記します。**

numberのn？

そう。5頭立てなら$n=5$ということです。この文字nは、データを扱うときにデータの総数という意味でよく出てくるので、この際、覚えておいてください。**教科書的に言うと「項数」。**

はい。

で、n個のデータを並び変えていったときに、全部で何パターンあるか？　これは先ほどの説明の通り、「$n!$」と書きます。「エヌッ！！！」じゃなくて「nの階乗」です。

もう大丈夫です（笑）。

次が順列。n個のデータからk個を選んで順列を数えたい。これは枠のイメージを使うんでしたね。

一番左の枠はn個のデータのうち、どれが入ってもおかしくないので、n通りのパターンがありますよね。

はい。

その右隣の枠は、選択肢が1個減るので$n-1$通りのパターンが考えられます。じゃあ一番右にくる枠は何かと言うと、$n-(k-1)$通りなんです。

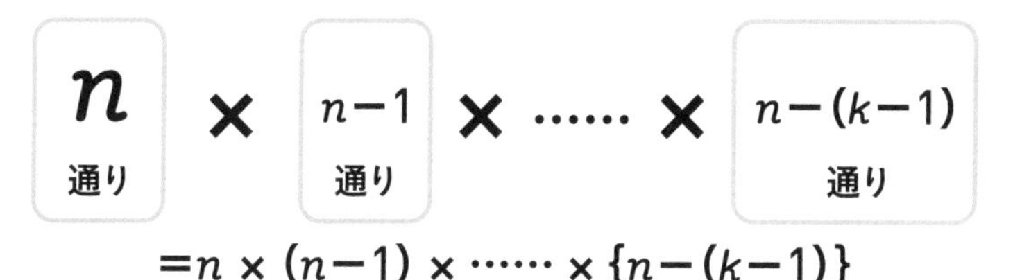

$$=n\times(n-1)\times\cdots\cdots\times\{n-(k-1)\}$$

$k-1$？ （ナゾの数式キターッ）

これも具体的な数字を入れたらすぐにわかります。

5個のデータから3個を選ぶ順列の場合、一番左の枠は「5」。その右の枠が「5－1」なので「4」。そして一番右の枠は「5－2」なので「3」ですよね。

はい。

ポイントは「5－2」の「2」はどういう意味かなんですけど、「－1を繰り返す回数」です。3個選ぶからと言って3回繰り返さないですよね。3よりも1少ない2回。それを意味するのが$k-1$です。

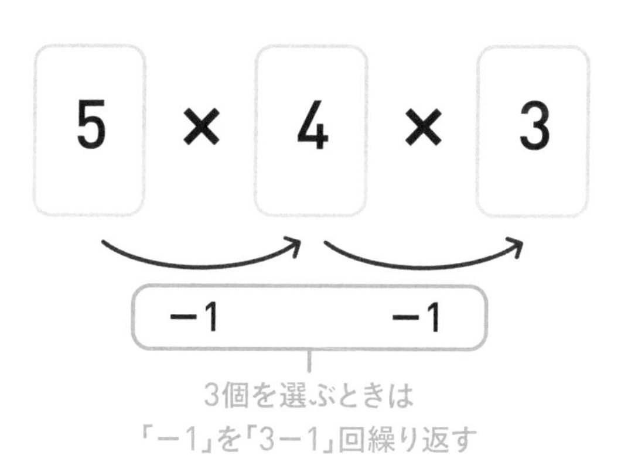

なるほど〜。

ただし、「$n\times(n-1)\times\cdots\cdots\times\{n-(k-1)\}$」という表記は数学っぽくない。「てんてんてん」を排除したい。じゃあどうするか、という説明をします。

まず、いまの「$\boldsymbol{n}\times(\boldsymbol{n}-1)\times\cdots\cdots\times\{\boldsymbol{n}-(\boldsymbol{k}-1)\}$」なんですけど、$\boldsymbol{n}$から始まったかけ算が$\boldsymbol{n}-(\boldsymbol{k}-1)$で止まっていますよね。

はい。

仮にこの式が最後まで続くとしましょう。

最後まで？　……あ、階乗みたいに1まで？

はい。普通に$\boldsymbol{n}!$だとすると、$\boldsymbol{n}-(\boldsymbol{k}-1)$の右に出てくる数字は何になるかと言うと、$\boldsymbol{n}-(\boldsymbol{k}-1)$からさらに1を引いたものですね。つまり、$\boldsymbol{n}-(\boldsymbol{k}-1)-1$になります。展開すると$\boldsymbol{n}-\boldsymbol{k}$。そのあとも1つずつ減っていって、最終的には1になると。

$$n\times(n-1)\times\cdots\cdots\times\{n-(k-1)\}\times\underline{(n-k)\times\cdots\cdots\times 1}$$

1になるまでかけ算が続くと仮定する

はい。

で、$n-(k-1)$の右側で繰り返すかけ算の積って、実は$(n-k)!$なんですよ。$(n-k)$ から始まって、次は $(n-k)$ より1つ小さい数をかけて、さらに1つ小さい数をかけて、と続くので。

$$n\times(n-1)\times\cdots\cdots\times\{n-(k-1)\}\times(n-k)\times\cdots\cdots\times1$$

$(n-k)!$と考えることができる

……1ミリもわかりません（涙）。

じゃあ具体的な数字で示しますね。

たとえば18個のデータ中3個を選んだ順列の数を知りたいとします。これってすでにやった「18 × 17 × 16」ですよね。
このときかけ算を16で止めないで、1になるまで続けると、「15 × 14 ×……× 1」と続きます。これはわかりますか？

はい。

この「15 × 14 ×……× 1」の部分って、15!とも書けますよね。

$$18\times17\times16\times15\times14\times\cdots\cdots\times1$$

15!

ああ、なるほど！

ここで頭の運動ですけど、「18 × 17 × 16」は「18!の計算式を15!の計算式で割ったもの」と言えるんです。なぜなら「18 × 17 × 16 × 15 × 14 ×……× 1」を「15 × 14 ×……× 1」で割ると、15以降のかけ算がバッサリ消えて「18 × 17 × 16」だけが残るから……。

$$18 \times 17 \times 16 = \frac{18!}{15!} = \frac{18 \times 17 \times 16 \times 15 \times 14 \times \cdots\cdots \times 1}{15 \times 14 \times \cdots\cdots \times 1}$$

バッサリ消える！

お、ちょっと気持ちいい！

ここでまたnとkの世界に戻ると、18!って$n!$ですよね。15!は$(n-k)!$のことです。

だから、順列を式で表したいならこう書けばいい。

順列を数える式（n個のデータからk個を選ぶ場合）

$$\frac{n!}{(n-k)!}$$

これが教科書で習う式です。

奇跡的にわかりました（笑）。

組み合わせも式で表せます。先ほどの「3連複のときは6で割る」という話と、いまの順列の式を理解できていれば超簡単。順列の式を$k!$で割るだけ。書き方としてはこうなります。

組み合わせを数える式（n個のデータからk個を選ぶ場合）

$$\frac{n!}{k!(n-k)!}$$

これが教科書によく出てくる式です。

⇨「順列」と「組み合わせ」の表記は「P」と「C」

最後に数学独特の記号を補足すると、順列はP、組み合わせはCと書くことがあります。英語で言うとPermutationとCombination。PとCは大文字で書いて、左にn、右にkと小さく書く。

$_nC_k$ ＝ n個からk個を選ぶ組み合わせの数
$_nP_k$ ＝ n個からk個を選ぶ順列の数

NPK……中小企業の会社名っすか（笑）。

（笑）。先ほどやった数列の和を表す**Σと同様、ただの記号であって公式ではない**ので気をつけてください。

➪「順列」と「組み合わせ」でバイトのシフトを組んでみる

……それにしてもまったく覚えてなかったな。

それはたぶん当時の先生が「あとは教科書読んどけ」と言ったパターンのせいかもしれませんね。**この内容は数学界では見下される傾向がある**ので。

めちゃくちゃ実用的なのに。

たとえば**私が店長で、10人中2人でシフトを組むとしたら何パターンあるのか**、とかも計算できますよね？

それだと順番は関係ないので「組み合わせ」ですね。${}_{10}C_2$の計算です。

そうですね。ちょっと計算してみよ。

45通りですね。

え!?（驚ッ） 私まだiPhone立ち上げてないですよ。

式としては$\frac{10!}{2!\,8!}$ですよね。で、「10!」を「8!」で割ると残るのは10×9なので90。それを2!で割ったら45。電卓いらずです。

$$\frac{10!}{2!8!} = \frac{10 \times 9 \times \cancel{8 \times 7 \times \cdots\cdots \times 1}}{2! \times \cancel{8 \times 7 \times \cdots\cdots \times 1}}$$

$$= \frac{90}{2}$$

$$= 45$$

あ、そうか。10!とか8!の計算が面倒くさいと思ったけど、バッサリ消えるからしなくていいんだ。

そうなんですよ。

あとは……社員が4人いて、仕事が3つある。それぞれの仕事を誰に頼むか、という仕事の割り振り方は何パターンあるか？みたいな話も計算できますね。

はい。その場合は順列か組み合わせかわかりますか？

そう言われると……順番を決めるわけじゃないし……。

でも順列なんですよ。順番は決めないけれどピンポイントで仕事を割り振るわけですから枠をイメージすればいいんです。

そうか。じゃあ仕事という枠を3つイメージして、それぞれに入る人の可能性は4通りと3通りと2通りだから……24通り。おおーー、なんか楽しい♪（笑）

これからもどんどん使ってください！

以上が「パターンを数える」ための順列と組み合わせのすべてです。

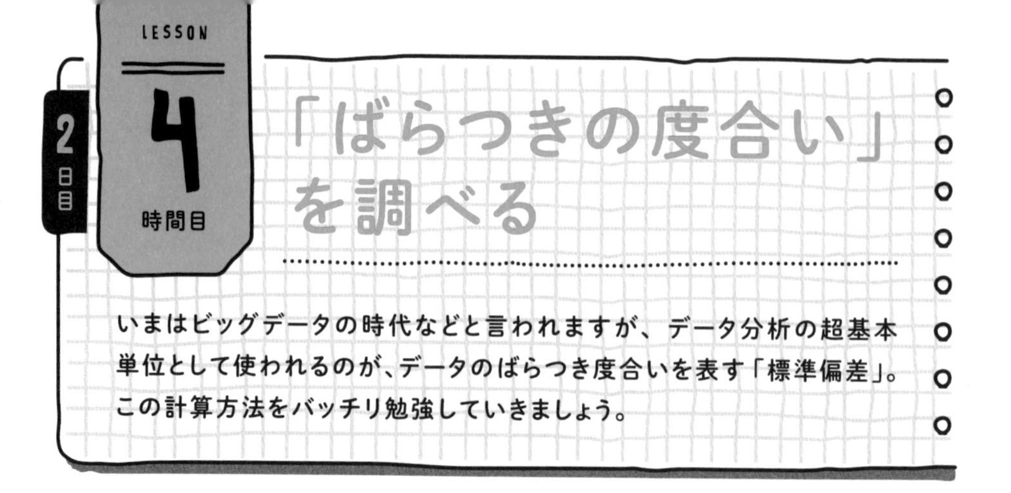

LESSON 4 時間目

「ばらつきの度合い」を調べる

いまはビッグデータの時代などと言われますが、データ分析の超基本単位として使われるのが、データのばらつき度合いを表す「標準偏差」。この計算方法をバッチリ勉強していきましょう。

⇨データサイエンスの基本は「データの規則性」を探ること！

ここからは、「データを扱えるようになる」ための最後のアイテムを教えましょう！
世の中に存在するデータって大体ばらついていますよね。気温、株価、売り上げ、来場者数、血圧など、私たち人間は不規則なデータも扱わないといけないわけです。

逆に言うと「不規則なデータの規則性」をある程度つかめたら、もう神の領域。

数学の世界でも最先端の研究はすべてここにつぎ込まれている感じですね。

それは……コンピューターが進化したから？

そう。あとは予算もつきやすいし（笑）。

とにかく環境が揃ってきたので俄然、数学界も盛り上がっています。世界中の天才たちが「ばらついたデータをどう料理するか」に頭を使っています。

で、料理方法の超基礎知識になるのが「ばらつきの幅」なんですね。ばらつきの幅を調べられるようになれば文系数学としては十分すぎる成果。それだけでデータサイエンスの入り口を少し開くことになる、と。

ばらつきの幅を知るための2ステップ

「ばらつきの幅」を知るためには大きく分けると2段階あります。

1段階目は「平均」を調べること。ようは基準となる値がわからないことにはばらつきの幅がわからないじゃないですか。「結構ばらつきがあるよね〜」みたいな感覚値はデータとして使えない。というか、数式に落とし込めない。

なるほど。

2段階目がその「平均からのズレ」の平均を把握することです。

ズレの平均？

たとえば、気象データを取っていたらたまに極端に暑い日があったりしますよね。その単体の異常値を見て「ばらつきの幅が大きい！　人類が滅んでしまう！」と結論づけるのは少しせっかちな気がしません？

します。

だから大きなズレもあるし、小さなズレもあるけど、その平均が大切なんです。実は「ばらつきの幅」って奥が深くて、調べ方もいろいろある。そんななかでも、**数学の世界では非常に高い信頼を誇る「標準偏差」という「ばらつきの度合いの表し方」を高校で習う**んです。

先生も普段、標準偏差は使うんですか？

めちゃくちゃ使いますし、会社員でも過去のデータから未来を予測する立場にいる人は普通に使っています。

平均、分散、標準偏差の深〜い関係

では簡単な平均の話から行きましょう。

郷さんがコンビニを3店舗経営していて、1日の売り上げが出てきました。A店は80万円、B店は60万円、C店は100万円です。このとき「3店舗の平均売り上げは？」と言ったら80万円。3つの数値を足して3で割ると80万円だから。これは小学生でもわかる話ですね。

80万円	60万円	100万円
コンビニ A	コンビニ B	コンビニ C

$$平均売り上げ = \frac{80万+60万+100万}{3}$$
$$= 80万(円)$$

フフフ……。余裕でついていけます（ドヤ）。

で、3店舗、明らかに売り上げにばらつきがありますよね。同じではないので、当たり前ですけど。

はい。

ということで「ばらつきの幅はどう計算するの？」という話になるんですけど、**統計の世界のスタンダードになっているのが「標準偏差」。英語だと"Standard Deviation"**。

……先生、ドヤれません……「ヘンサ」ってなんですか？（汗）

(笑)。**「ズレ」「振れ」「偏り」みたいな意味です。**

ただ、ばらつきを知るためには平均がわかっていないと計算できないんですね。どんなものでも基準がないと測れません。

はい。

だから店舗売り上げのばらつきを調べたいと思ったら、まず第1段階で全店舗の売り上げ平均を調べる。そして各店舗の売り上げが平均からどれだけズレているかを見ていけばいいんです。

たとえばA店は80万円なので平均値とのズレは「0」。B店は60万円だから「マイナス20万円」。C店は100万円だから「プラス20万円」です。これが「平均値からのズレ」ですよね。

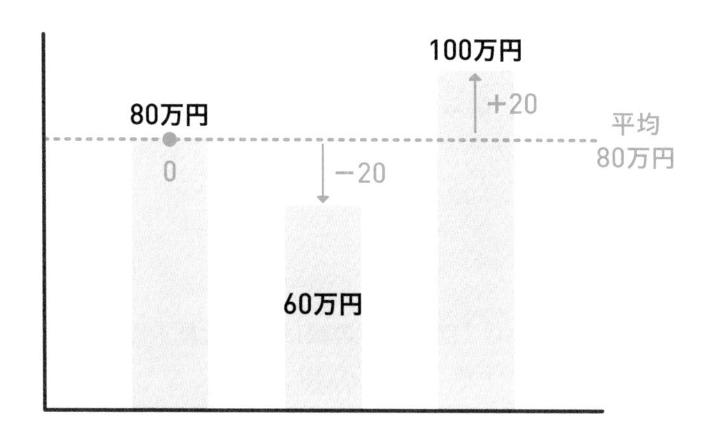

なんとなく**この振れ幅がカギを握りそうだ**というのはわかりますよね。「平均からのズレの平均」を調べれば、うまくいきそうな気がすると。

そんな気がします。

じゃあ実際にA店の「0円」、B店の「−20万円」、C店の「＋20万円」を足して、3で割ってみたらどうなるでしょう？

$$\frac{0+(-20)+20}{3}=\frac{0}{3}$$

$$=0(\text{円})\cdots\cdots$$

んんん？……0円！？ **異議アリ！！！**

そうなんです。単純にズレを足して平均を出してしまうと、プラスとマイナスで相殺し合って「ズレなし」という結果になってしまう。これって正確ではないですよね。

そこで先人が悩んだわけです。「プラマイゼロだからばらつきなしって、理屈が合っていないぞ。別のやり方はないのかな？」と。

どうするんですか？

ズバリ、プラスマイナスの符号を取ってしまう。なぜならいま知りたいのはズレの「幅」ですよね。プラスであろ

うがマイナスであろうが幅は幅。とにかく平均から出っ張っていればそれは幅なんだから、ばらつきを調べるときは符号なしでやればいいじゃないか、という概念にたどり着いたんです。

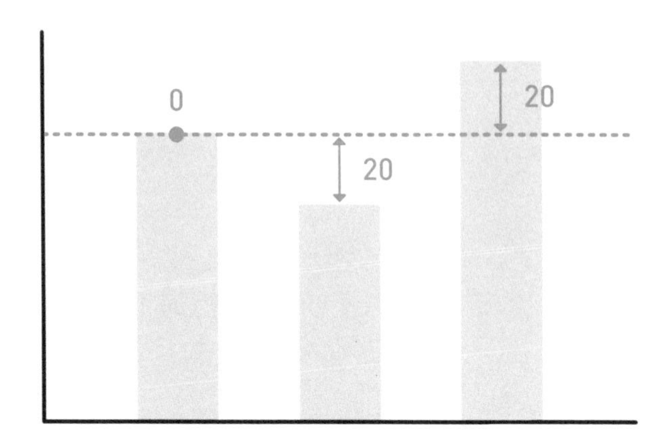

ここが標準偏差を理解する上でもっとも重要なところ。

符号をなくすのって、絶対値でしたっけ？　$|-20|=20$ みたいなやつ。なぜかこれだけは覚えているんですよ。

すごいじゃないですか！　絶対値もたしかに符号は消えますね。でも数学者たちはそうしなかったんです。ここがもうひとつ標準偏差を理解する上でのポイントで、ズレの値を2乗したら符号が消えるんですよ。

え？

たとえばー3を2乗すると9ですね。つまりどんな数でも2乗すると符号が消えるじゃないですか。

$$(-3)^2 = 3^2 = 9$$

2乗すると符号が消える
(プラスに統一される)

おお、そうですね。

で、いったん2乗したものをあとでルートをとってしまえば、符号だけキレイに消えるようなものだと。つまり、$\sqrt{(-3)^2}$も$\sqrt{3^2}$も、答えは3ですよね。

$$\sqrt{(-3)^2} = 3$$
$$\sqrt{3^2} = 3$$

2乗してルートをとれば
符号だけ消えるようなもの

頭いいなあ。誰が考えたんだろう……。

またしてもガウス君が関係してます(笑)。

また出た!(笑)人類、ガウスにおんぶに抱っこ状態じゃないですか。

本当〜〜〜に天才なんです。この発想のすごさが伝わるとうれしいな。教科書だといきなり「2乗してルートする」みたいに操作の仕方が書いてあるんですけど、数学をやるからにはその心がわからないと物足りないんですよ。

コンビニの例で実際にやってみると、A店はズレが0だから0^2、B店は$(-20)^2$、C店は20^2。それらを足して3で割る。そのあとにルートするんですね。

$$\sqrt{\frac{0^2+(-20)^2+20^2}{3}} \fallingdotseq 16.3$$

すると結果は約16.3。これが「平均からのズレの平均」のひとつの答え。20に近い数字になっていますね。

ひとつの答え？　ほかにもある？

そう。実は先ほど郷さんがおっしゃった絶対値を使って計算すると、$\frac{(0+20+20)}{3}$なので、13.333…になるんです。ただ少し20から離れますが。

あ、本当だ！

それも「平均からのズレの平均」のひとつの答え。

実は数学の世界では平均の出し方ってめちゃく

ちゃいっぱいあるんですよ。
「80と60の平均は？」と言われたら、私の知っている限り10通りくらいはあります。

そんなに！

はい。小学生でも知っているのが、データを足してデータ数で割る平均。これ、「相加平均」という立派な名前がついているんです。みんな相加平均しか習わないからほとんどの人は「平均＝足して割る」という固定観念にとらわれているんですけど、ものすごい数ある平均のなかのひとつにすぎないんです。

郷さんが言った絶対値の平均を計算する「絶対値平均」。
$\frac{1}{80}+\frac{1}{60}$と計算して逆数をとる「調和平均」。それ以外にも$n$乗平均とかマニアックなものもあります。

相加平均

$$\frac{x_1+x_2+x_3}{3}$$

二乗平均

$$\frac{x_1^2+x_2^2+x_3^2}{3}$$

絶対値平均

$$\frac{|x_1|+|x_2|+|x_3|}{3}$$

調和平均

$$\frac{3}{\frac{1}{x_1}+\frac{1}{x_2}+\frac{1}{x_3}}$$

知らなかった……。

そのなかでも、**「2乗した和をデータ数で割ってルートする」という計算方法が現実のばらつき度合いをとても正確に反映する**んです。

この2乗した和をデータ数で割る平均の出し方のことを**「2乗平均」**と言います。ちなみに「2乗平均」がなぜ正確なのかは大学3年生以降で学ぶレベルの話なので説明は省きます。

ご配慮ありがとうございます（笑）。

それが数学界の常識だと思ってください。いまはデータが3つしかないですけど、もっといっぱいあったらさらにうまくばらつきを表すことになります。

じゃあ、その「二乗平均」で計算した値が「標準偏差」なんですか？

それは「分散」と言います。計算すると266.7ですけど、それのルートをとったものが「標準偏差」で16.3で、これがばらつきの幅を表します。

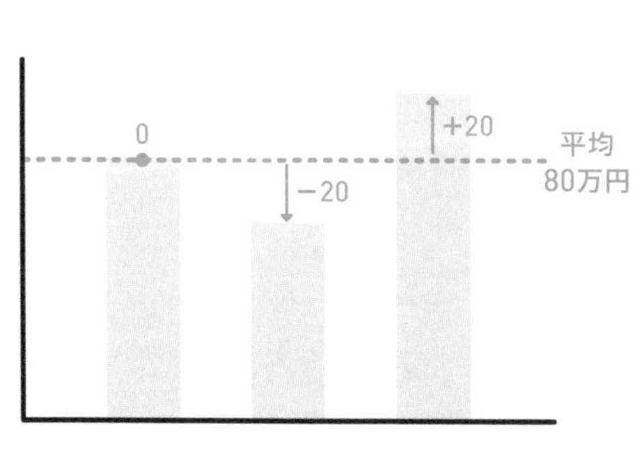

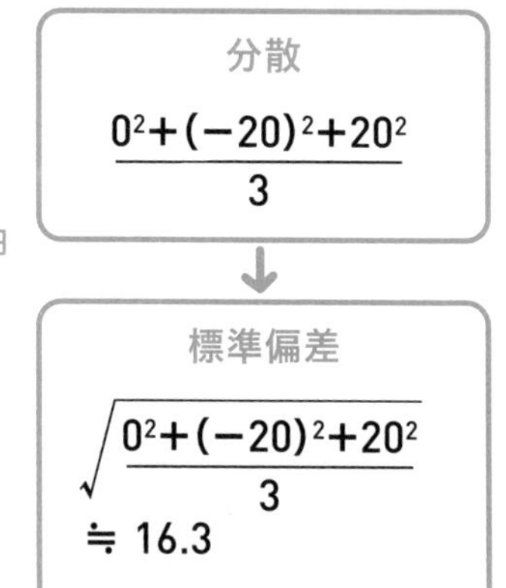

え、え、え……。

「分散」も「標準偏差」もほぼ同じ意味なので難しく考えないでいいです。「平均値からのズレを2乗平均したもの」を「分散」と言う。そして、分散のルートをとったものを「標準偏差」と言う。これらは数学界に定着した言葉なので覚えましょう。

平均、分散、標準偏差の表記

ここで表記の仕方をサクッと覚えてしまいましょうか。

標準偏差はギリシャ文字のシグマの小文字「σ」で記します。

おおお！　顔文字で見たことある！
↓コイツですよね！？
σ（^_^）シグマデース

それな！（笑）で、分散のルートをとったものが標準偏差ですから、言い換えると「分散は標準偏差の2乗」。分散はσ^2と書きます。

標準偏差　＝　σ（シグマ）
分散　　　＝　σ^2

↓

$\sigma = \sqrt{\sigma^2}$　標準偏差は分散のルートをとったもの

あと平均値はxの上に横棒を足した「$\bar{x}$」で表記します。読み方は「エックスバー」です。

	記号	英語	エクセル関数
平均値	$\bar{x}$	Average	AVERAGE
分散	σ^2	Variant	VAR.P
標準偏差	σ	Standard Deviation	STDEV.P

ふーん。まあ、記号は覚えるしかないですね……。

そうですね。で、統計の世界ではみんな「標準偏差」という単位を当たり前のように使っていて、データを比較する際の「ものさし」のようなものなんです。そのばらつきは、標準偏差いくつ分という評価をします。たとえば、「ばらつきを2シグマ以内に抑えろ」などと工場ではよく言われます。ものづくり現場ではばらつきをなくすのは重要ですからね。

業界のスタンダードっておっしゃっていましたね？　なぜですか？

結果的に使い勝手がよかった、としか言いようがないですね。業界スタンダードってそういうものですよね。気持ちはわからなくはないんですが、「なんでこれが業界のスタンダードなの？　理解できないからこれ以上学べない」となるのは、もったいないというか、ぶっちゃけ、そこで抵抗してもあまり意味がない。

……ひとついいですか？　標準偏差は「それぞれのデータのズレを2乗して、足して、データの数で割って、最後にルートをとる」っておっしゃいましたよね？

はい。

そのとき「データの数で割る」と「ルートをとる」の順番を入れ替えたらダメなんですか？

先ほど説明を聞いていて、3という数字は2乗していないんだから、ルートをとる必要ないじゃん、と思ってしまったんですよ。

ああ、なるほど。ズレを2乗して、足して、そのルートをとってから割ったらどうか、ということですね。

そうです。

うーん、$\sqrt{x_1^2}+\sqrt{x_2^2}+\sqrt{x_3^2}$ならば3で割るのはわかるけど、これはまさに絶対値を使った平均と同じですね。

ほぉー！

ルートをすべてつなげてしまって、それを3で割るのに少し違和感を感じるのはよくわかります。
ただ、やはり3がルートの中に入ったほうがいいんです。平均についてはまたおまけで触れたいと思います。

これでばらつきを調べる方法の説明は終了です。

ここが ポイント!〈標準偏差の式〉

$$\sigma = \sqrt{\frac{1}{n}\sum_{i=1}^{n}(x_i - \bar{x})^2}$$

σ：標準偏差
n：データの数
Σ：数列の和
i：ダミー変数(1からnまで増えていく整数)
x_i：i番目にあるデータの値
$\bar{x}$：全データの平均(相加平均)

エクセルで標準偏差を計算してみる!

先生！　標準偏差もエクセルでできるという話でしたよね？ちょっとやってみたいんですけど。

簡単ですよ。

店舗の売り上げデータがあると仮定して、セルA1からA3にそれぞれ「80」「60」「100」と書いてみましょう。で、どこか空白の欄に「＝STDEV.P（A1：A3）」と書いてください。

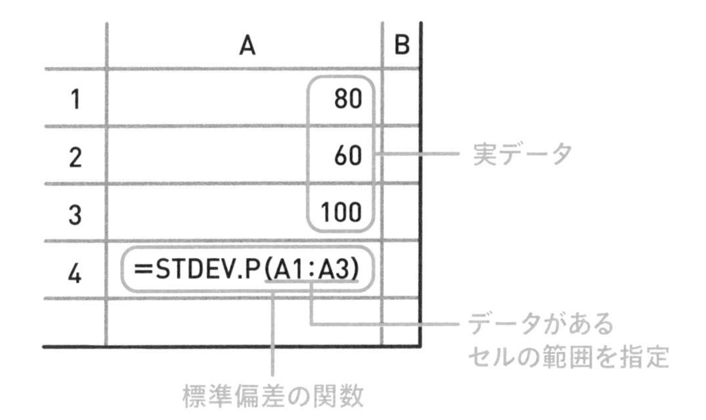

えーっと……あ、約16.3か。合ってますね。

これが標準偏差。**データ全体の平均を調べるとか、そこからのズレを2乗するとか、面倒な計算は全部やってくれるんです。**

……私の1万倍は賢い。

試しにデータを「50」「0」「200」みたいにバラバラにしてみましょう。

……84.98366。

ばらつきの幅が大きくなったことが数値で可視化されましたよね。

➪「偏差値」の計算式も覚えよう

せっかくなのでもうひとつ言うと、標準偏差が計算できると「偏差値」も計算できるんです。

学生時代にお世話になったあの偏差値！！
たしかに同じ「偏差」ですね。

そう。実は偏差値って次のような式があって、そこにテスト結果をあてはめているだけなんですよ。

〈偏差値の計算式〉

$$\text{Aさんの偏差値} = 50 + \frac{10 \times (\text{Aさんの得点} - \text{平均点})}{\text{標準偏差}}$$

偏差値の特徴は、みなさんもご存じの通り50が基準ですよね。でもテストによって同じ100点満点でも偏差値が70になったり、75になったりする。その理由は分母の標準偏差が変わるからです。

つまり、「標準偏差」というものさしの単位があり、そのいくつ分平均からずれているか、と考えるのです。

もしテストでみんな似たような点数をとっていたら、それは「ばらつきの幅が小さい」ということですから標準偏差は小さくなる。すると、分母が小さくなるので、100点の人の偏差値は上がるわけです。

知らなかったぁ！

平均点もAVG関数を使えば計算できますから、少しがんばれば偏差値を自動計算できるエクセルがつくれるんです。各店舗の店長に「君のお店の偏差値は40だよ。がんばりたまえ」ということが言えてしまうと。

感じわるっ。

ということで代数の授業は終わりです。

おまけ①奥深い平均の世界

今日はいっぱい学んだなぁ。それにしても平均がひとつじゃないという話が衝撃的です。これってどう使い分けるんですか？

厳密な決まりはないんです。ただ、数学者が絶対値平均を嫌うのは間違いない。なぜなら**絶対値を使うと微分積分が使えないから。**絶対値がついていると解析的に扱いにくいんです。それ以外については企業も学者も好き勝手に使っていますね。大学でもゼミの先生によって使う平均が違ったりして。

意外！　なんか**数学ってもっとかっちりしたイメージ**がありましたけど。

小中高で習うレベルのものは数学の土台なのでかっちり勉強しないといけないんですけど、**高度な数学になると実はめちゃくちゃ自由なんです。先人がつくった理論に対して矛盾がなければ、なんでもあり。**

それで不都合はないんですか？

ないですよ。だって**平均だってそもそも人間が勝手に決めた「概念」ですから、どう定義したっていい**んです。

新しい平均の概念を私たちの世代が考えてもOKで、その研究に没頭する数学者もいます。先ほどの「ルートしたあとで3で割る方法」も研究したら面白いかもしれません。

そうか。「俺は今日から平均はこう定義する！」と宣言するのは自由で、問題なのはその賛同者が増えるかどうか。

そういうことです。

へーー。ある意味、便利かも。**数学に対するイメージが変わりました。**

平均と似た話をすれば「距離」もそうなんです。ピタゴラスの定理では直角三角形の長い辺cの長さは「$\sqrt{a^2+b^2}$」ですね。でもこの辺cの長さのことを「$a+b$」と定義してもいいんですよ。

それだとおかしくないですか？

たとえば京都の街って碁盤の目になっていますよね。x地点からy地点まで移動するとき、a通りとb通りは歩きますけど斜めには歩けませんよね。

だとしたら、京都市内における移動距離という文脈においては、**距離を「$a+b$」と定義しても問題ない**じゃないですか。だって実際にそれが移動する距離なんだから。

なんだろう、この納得感……。

ようは、**用途や状況によって「平均」とか「距離」みたいな人為的な概念の定義の仕方は何通りでも考えられる**ということです。

とくに平均はフワッとした概念なので、どんな平均でもいいんです。

そうかぁ〜〜〜。平均って奥が深いんだなぁ。

マリアナ海溝級に深い。 値を計算してみるとわかるけど、「相加平均よりも調和平均のほうが小さくなる」みたいな特徴はあるんですね。企業も**会社の負債額をしれっと調和平均で計算するという手もあるんです(笑)**。

そ……、それは文系の人では気づかない（汗)。

➩おまけ②平均値、中央値、最頻値

そういえばたまにニュース記事で「年収の中央値」とか出てくるんですけど、中央値ってなんですか？

「年収の中央値」は国民全員を年収順にならべたときに、丁度真ん中にいる人の年収のことです。データの数が偶数なら、真ん中にいる二人の相加平均のこと。中央値はメジアン（median）とも言います。

そのほうが実態に近そうな気が。

そうなんです。人口が100人しかいない村にソフトバンクの孫さんが引っ越してきたら、全国一平均年収が高い市町村になってしまうかもしれないじゃないですか。でもそれは実態を示したデータと言えるのかという話で。

あ、中央値だったら孫さんの年収はカウントしないのか。

そう。いままで村民Aさんの年収を参考にしていたのが、わずかに年収の違う村民Bさんの年収を参考にするようになるだけですから。

なるほど。

あと似た概念だと**最頻値（モード、mode）**というのもあって、これは年収の分布図を描いたときにできる**山のピークに該当する年収のこと**です。もし年収300万円の人が一番多いなら「村民の年収の最頻値は300万円である」となります。

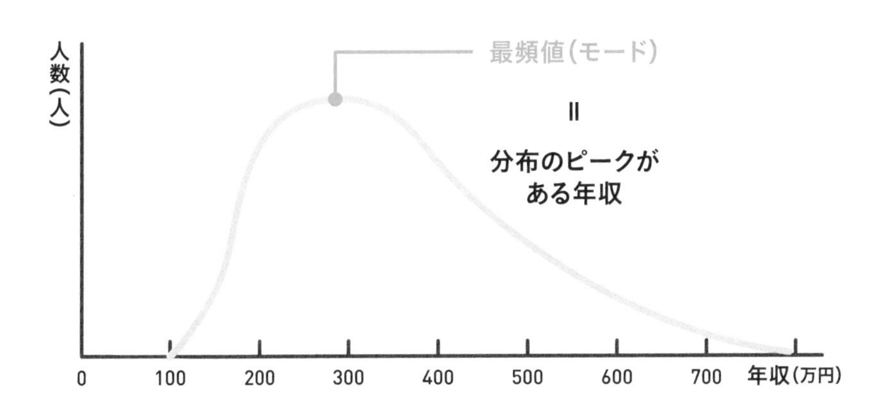

ちなみに普通の**平均値はミーン（mean）**と言います。

へえ、いろいろあるんですね。

そう。結局、**平均値も中央値も最頻値も「実態を把握するための参考値」**じゃないですか。こういう値のことを統計の世界では**代表値**と言います。

高校でもやるんですけど、概念を知っておくだけで十分かなと思います。つまり、実態を把握する方法は平均だけじゃないし、その平均も相加平均だけじゃないということを。

よくわかりました。

そもそも平均値が使えるのは平均に近いデータがたくさんあるときに限られるんです。ここから理系数学の領域に少し入ってしまいますけど、平均が使えるのはデータの分布図を描いたときに左右対称の釣り鐘型になったときだけ。これを正規分布とかガウス分布と言うんです。

正規分布(ガウス分布)

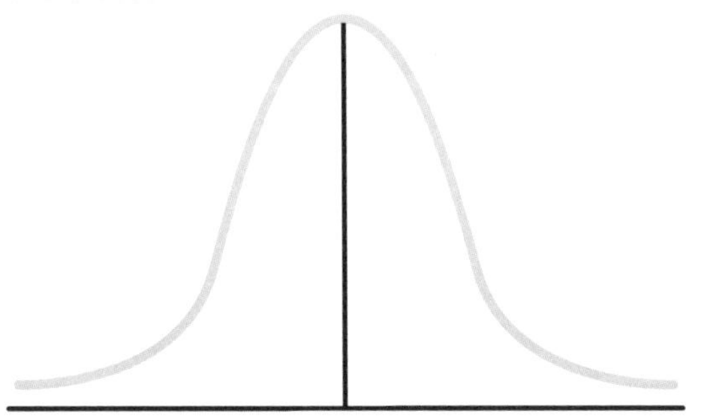

また出たな、ガウス（笑）。

ガウス君、大活躍（笑）。ちなみに正規分布のときは、平均値と中央値と最頻値が一致します。

……あ、そうなんですね。

でも世の中にキレイな正規分布など滅多にないのが実情。
たとえば年収の分布図って基本的に図の左に山のピークがあって、右側になだらかなカーブが続くじゃないですか。こういう分布をパレート分布とかロングテールと言います。ビジネスパーソンなら聞いたことがあると思いますけど。

パレート分布(ロングテール)

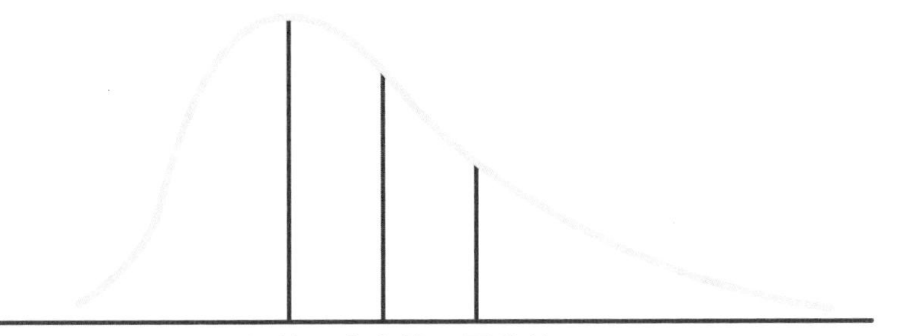

へぇぇ、これが有名なロングテール!! たしかに「長い尻尾」に見えますね。

でしょ? でもこうなってくると平均値の意味合いがかなり怪しくなってくるんです。つまり、実態を反映しないものになってくるので平均値を算出すること自体に価値がなくなってくる。

極端な話、数学の試験で0点の人が10人で、100点の人が10人という結果になったとき、分布で言うと左右の端に山のピークが2つあるわけですよね。こんな分布に対して「今回のテストの平均点は50点でした」と総評するのはなんの意味もないし、数学的にはよろしくない。だって50点の人が1人もいないんだから、おかしいでしょ?

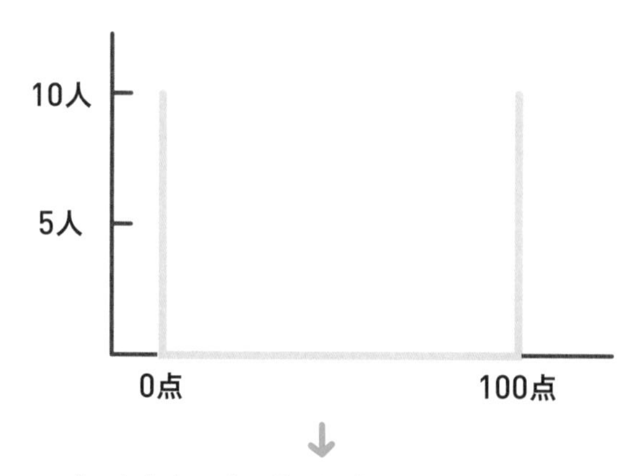

このデータ(グラフ)で「平均点50点！」は意味がない

コレ、数学的には**「平均値が存在しない」**と言います。東大生でもわかっていない子が多いですけど（笑）。平均は「存在しない」こともあるのです。

とにかく、**「平均を使えばなんでもかんでもデータを正しく把握できる」というのは大きな間違い**と知っておいたほうがいいですね。平均を使えばいつでも簡単に正しい分析ができる……という思い込みから解放されましょう。

最後に、ビジネスの豆知識もお知らせして終わりにしましょう。

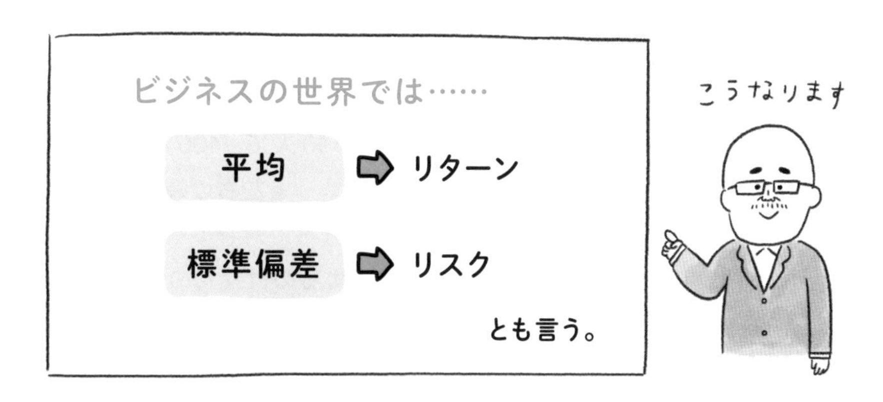

3日目

超あっさり！高校文系数学の「解析」をマスターする!!

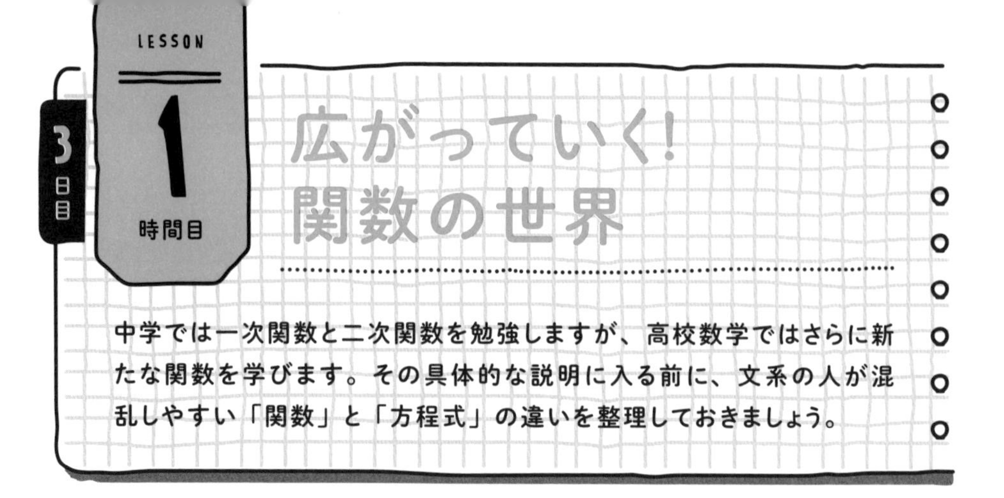

広がっていく！関数の世界

中学では一次関数と二次関数を勉強しますが、高校数学ではさらに新たな関数を学びます。その具体的な説明に入る前に、文系の人が混乱しやすい「関数」と「方程式」の違いを整理しておきましょう。

関数と方程式の違いって？

今日は解析かぁ。

はい。英語だと「アナリシス」ですね。

中学版でも教わりましたが、**何度聞いても関数と方程式がこんがらがるんですよね。**

そこはみんな混乱しますよね。

でも大事なことなので整理すると、**関数は「yとxの関係性を示す式」のこと。**二次関数だと$y=ax^2+bx+c$みたいな形で、関数は必ずグラフに描けます。で、関数には種類がいろいろあります。こんな具合に。

ワオ！（どんだけ！）

大学で習うのも入っているので気にせずに。でも、先人の数学者たちがたくさんの関数を考案してくれたおかげで、私たち現代人はより複雑な問題を、数学の力で解決できるようになったんです。

この現象は
五次関数で
説明できそうだな…

なるほど。

一方の**方程式は「関数のyかxのどちらかの数字が定まった式」のこと。**

二次方程式だと$ax^2+bx+c=0$みたいな形。グラフ上で言うと「yが0のときのxの値を求めよ」みたいな話です。ですから……、

関数の目的は「関係性を式やグラフで表す」こと。

方程式の目的は「関数の一点に着目して、値を計算する」こと。

とも言えます。

関数のほうがエラいのかぁ。

エラいというか（笑）、**両方必要**なんですよね。
たとえば**私が普段、政府や企業からの依頼を受けてやっていることの多くは、「関数を考えること」**。起きている現象を分析して、yとxの関係性を式にする。それを納品したら、クライアントは「xが100のとき、yはいくつになるかな？」という方程式の計算ができるようになるので助かると。

なるほど〜。

ただ、**世の中で起きている現象は複雑なので、一次関数や二次関数だけで表現できるとは限りません。だから高校以降、新しい関数と、その計算の仕方をセットにして覚えていくんです。**

でも中学のラスボスは二次方程式で、関数ではなかったような。

実際のラスボスは二次関数なんです。しかし、中学だとその二次関数がものすごく中途半端に終わるんですよ。本来、関数と方程式をセットで学ぶことで威力を発揮するのに……。

ああ、$y=ax^2$みたいな形で、グラフが座標(0, 0)を交差する二次関数しかやらないという話でしたよね。

中学校で習う二次関数

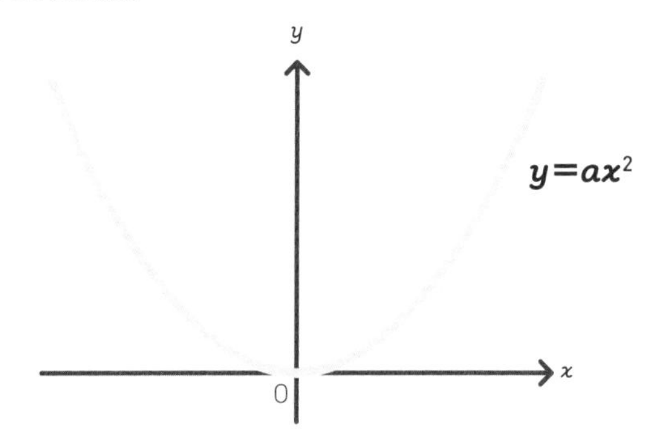

はい。だから中学版では高校で習う二次関数もサクッとやってしまったんです。なぜなら方程式が解けるようになったらその関数も理解できるはずだから。まあ、二次関数はもう一度復習しますけど。

超助かります(涙)。

ここがポイント!〈関数と方程式の違い〉

方程式→特定の条件下におけるx(わからないもの)について解くこと

関数→関係性そのものを示す(条件が定まったときは方程式になる)

➩高校の文系数学で習う関数は4種類

改めて関数についてまとめると、高校文系数学で習う関数は、

二次関数（$y=ax^2+bx+c$）
指数関数（$y=a^x$）
対数関数（$y=\log_n x$）
三角関数（$y=\sin x$, $y=\cos x$）

があります。

このうち三角関数は次回の幾何の授業で一緒にやるので、今日は二次関数の復習から入って、指数関数の話をメインでやって、おまけで指数関数の親戚の対数関数をちょこっとだけやりましょう。
そして本来、解析を意味する微分積分は、特別授業で取り上げますね！

お願いします！

コラムまんが

西成青年の理系すぎるラブレター

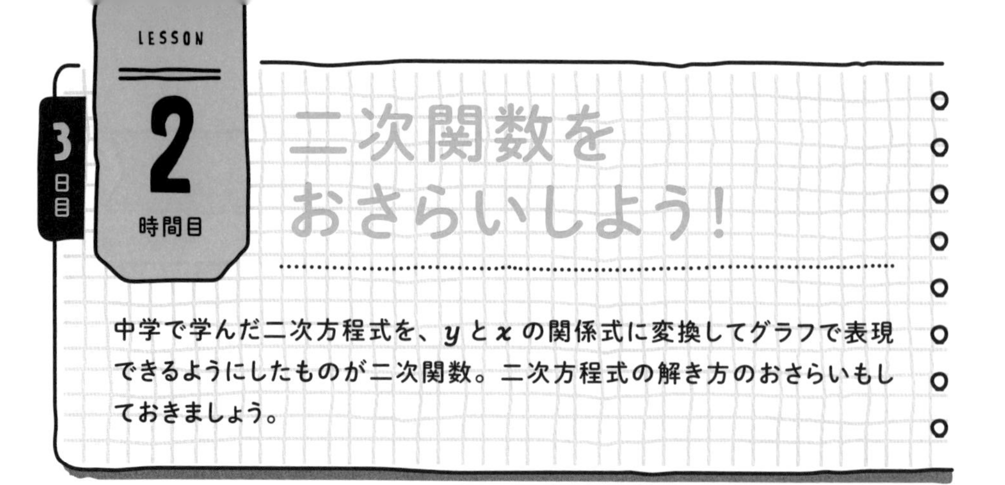

3日目 LESSON 2時間目

二次関数をおさらいしよう！

中学で学んだ二次方程式を、y と x の関係式に変換してグラフで表現できるようにしたものが二次関数。二次方程式の解き方のおさらいもしておきましょう。

⇨ササッと復習！　二次方程式

二次関数はやっぱりすごく大事な関数なんですよね。中学で学ぶ二次方程式の復習も含めて、ササッとやらせてください。

お手柔らかに！

基本的なところからおさらいしますと、二次方程式は、「$ax^2+bx+c=0$」みたいに、x の右肩に乗っている数字、これを指数と言いますけど、**指数の一番大きいものが「2」で構成される式**のことでしたね。

「x^3」が混ざっていたらそれは三次方程式。
「x」しかないならそれは一次方程式。

ここが ポイント！〈次数〉

一次、二次、……を「次数」と呼ぶ。たとえばx^3はxを3回かけているので三次。その式に含まれる一番大きな次数で何次方程式かが決まる。
例：$5x^6+4x^4+2x+10=0$ なら六次方程式

はい。

その二次方程式のなかでも一番シンプルな形は、$x^2=9$のように「何か同じ値をかけ算したら、何かの値になる」という式です。この式の答えはわかりますか？

ルートを使うんですよね。$\sqrt{9}$なので、3。

惜しい！　符号を考えると、答えは2つになります。答えは3と－3。$(-3)\times(-3)$も9になりますから。

あ゛あ゛あ゛……！　そうでした……。

少しずつ思い出してくれれば大丈夫です。

このように何か同じ数をかけているときはルートを使えば一発で解けたわけですね。x^2に限らず、$(x+1)^2=4$のような式でも同じ。

$(x+1)$をひとつのカタマリ、たとえば◎とみなせば、
$◎^2=4$なので、◎は2か－2になる。そこで◎に$(x+1)$を

代入して、$x+1=2$と$x+1=-2$をそれぞれ計算すれば$x=1$, -3だとわかります。

$$(x+1)^2=4$$

◎とみなす

$$◎^2=4$$

$$◎=\pm\sqrt{4}$$

$$◎=2,\ -2$$

もとの$(x+1)$に戻す

$$x+1=2$$

$$x+1=-2$$

よって

$$x=1,\ -3$$

はい。

$(x+1)^2$のように、**xから同じ値だけズレたもの同士をかけ算しているものを、私は同じ値の「両ズレ」と命名**しました。$(x+3)^2$とか $(x-1)^2$とかね。

この同じ値の両ズレこそが二次方程式を解く最大のポイントで、$x^2+10x+20=0$みたいに一見するとこの両ズレの形に持っていけそうにない式でも、**ある方法を使えば両ズレの形に変えることができる。そしてその形にしてしまえばルートで解ける。**

その方法が中学版で説明した以下の手順です。$x^2+10x+20=0$という二次方程式だとすると、まずはx^2+10xの部分だけに着目するのがコツ。

$$x^2+10x+20=0$$

↓

ステップ① ここを同じ値の両ズレの形に変形する！

A 一次の係数を2で割る → 5

B Aの値で両ズレの式をつくる

→ $(x+5)(x+5)$

C Aの値を2乗し、引く

→ $(x+5)(x+5)-25$

このようにしてx^2+10xは $(x+5)\times(x+5)-25$に変換できます。あとはこれをもとの式にあてはめるだけ。

ステップ② もとの式にあてはめる

$$x^2+10x+20=0$$

↓

$$(x+5)(x+5)-25+20=0$$

$$(x+5)^2=5$$

$$(x+5)=\pm\sqrt{5}$$

$$x=\sqrt{5}-5,\ -\sqrt{5}-5$$

二次方程式はこうやって解けます。試験ではルートのままでOK。実社会で使うときは、関数電卓などでルートを計算すればいいわけです。

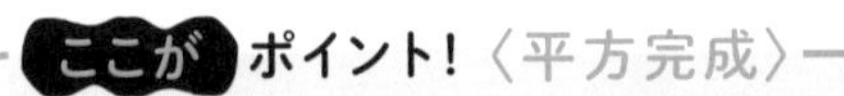

同じ値のズレで二次方程式を解く方法を、数学的には「平方完成」と言う。それ以外の解き方として「因数分解」で解く方法がある。しかし、「因数分解」で解ける式は、現実社会ではめったに遭遇しない。

改めて説明されると二次方程式ってこんなに簡単だったっけ、という感じがしますよね。**プラマイを忘れた私が言うのもなんですが（笑）。**

教科書で教わる（しょーもない）「解の公式」を丸覚えしないのがコツです。

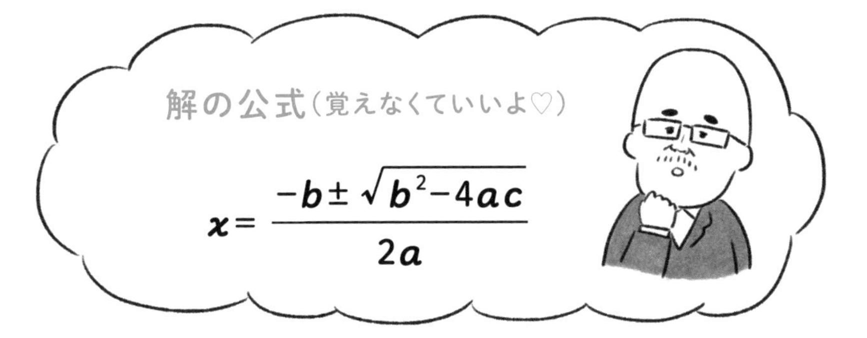

解の公式（覚えなくていいよ♡）
$x=\dfrac{-b\pm\sqrt{b^2-4ac}}{2a}$

こんな複雑な公式を覚えるくらいなら、**前ページの①と②のステップを公式化したものを覚えたほうがはるかにラクです。**

え、あるんですか？

実は中学版で公式化していなかったんですけど、読者の方が「西成先生の言いたいことってこういうことだよね」とわざわざネットで紹介していただいたんです。それが、これ。

両ズレに変換するスーパー公式

$$x^2+ax=\left(x+\frac{a}{2}\right)^2-\frac{a^2}{4}$$

読者さん、ありがとうございます。これ、解の公式より断然覚えやすい**スーパー公式**。近い将来、中学の教科書のスタンダードになるかもしれない。

たしかに！　超スッキリしてる！

でしょう。二次方程式のなかにx^2+axという表記を見かけたら、反射的にこのスーパー公式を使って同じ値の両ズレの形に持っていきましょう、ということです。そうすればルートの形に展開しやすくなると。

というのが中学数学のラスボスだった二次方程式のおさらいです。

二次関数のグラフを描く！

では二次関数とは何かと言うと、二次方程式ではわからない値がxのひとつだけだったのが、そこにyも加わった式のことで

す。形としては$y=x^2+10x+20$みたいな形。たとえば先ほどやった二次方程式、$x^2+10x+20=0$を二次関数で書くと、$y=x^2+10x+20$になりyとxの関係性を調べていくことになります。

もしもこれを方程式にするなら、たとえばyの部分を0に変えればいいんでしたっけ？

そうです。そして全体を左辺に移項して＝0の形にすると見やすいです。

ふんふん。

実際に$y=x^2+10x+20$をグラフで描くと……こんな感じかな。

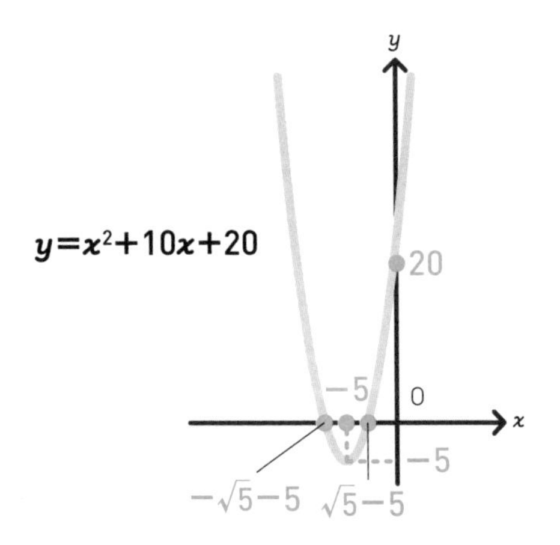

速っ！　なんでこんなにパパッと描けるんですか？

フフフ、名探偵ニシナリにお任せあれ。コツがあるんです。まず、**この二次関数を見ただけでわかることが3つあるんです……！**

1つ目は、**二次関数のグラフは必ず放物線を描く**ということ。形は谷型か山型かのどちらか。谷型なら底にあたる頂点、山型なら山頂にあたる頂点、そこを境に左右対称の形になります。これが二次関数のグラフの大きな特徴。

二次関数のグラフは

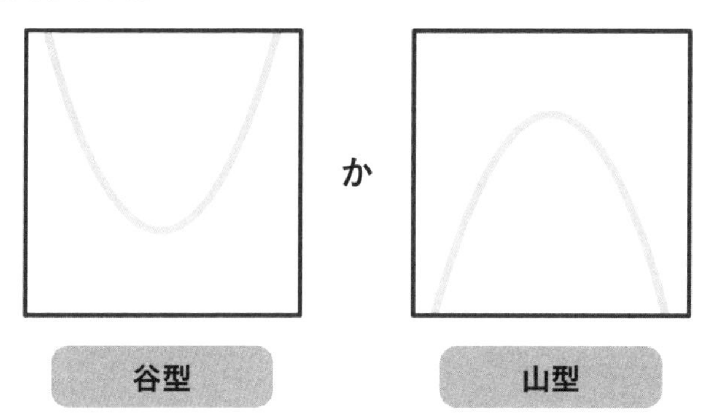

ここが ポイント！〈二次関数の特徴①〉

二次関数のグラフは頂点がひとつ（谷底か山頂）。その頂点を境に左右対称の放物線を描く。

ああ、世の中はパラボラで溢れているっておっしゃっていましたね。

そう。放物線のことを英語で「パラボラ」って言うんです。「パラボラアンテナ」も同じ語源。ちなみに、ボールの軌道も

放物線で表すことができます。

次に、グラフが谷型になるか山型になるかはx^2の係数で判断できます。x^2の係数が正の数なら谷型で、負の数なら山型です。

今回はx^2なので係数1が省略されていますが、正の数。よって谷型になります。

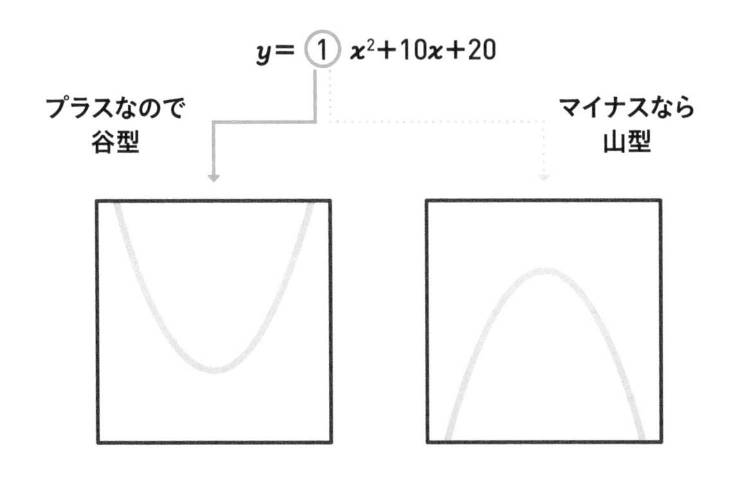

ここが ポイント！〈二次関数の特徴②〉

ax^2のaがプラスならグラフは谷型（U字）の放物線を描く。マイナスなら山型（逆U字）を描く。

2つ目は、xのついていない0次の項の値、今回は20ですが、この値は「xが0のときのyの値」を示しています。y切片（せっぺん）とも言いますね。この二次関数はどんな形であれ、y軸上の20を通るということ。

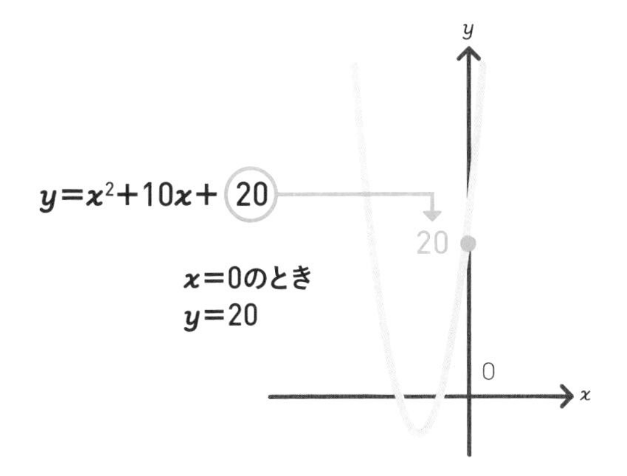

ここがポイント!〈二次関数の特徴③〉

$y=ax^2+bx+c$ の0次（x のついていない数）にあたる c のことを y 切片という。二次関数のグラフは必ず $(x, y)=(0, c)$ の y 軸上の点を通る。

んんん……？　なんでですか？？？

$y=x^2+10x+20$ に $x=0$ を代入すればいいんです。すると x^2 も $10x$ も0になって $y=20$ だけが残りますよね。「x が0のときの y の値は20ですよ」という意味になります。

すげえ、名探偵の名推理……！！！

以上が、二次関数を見ただけですぐにわかる基本情報。(キラリ)

でも、これだけではグラフは描けません。そこで3つ目が、先ほどやった二次方程式の答えと、解く過程で変換した両ズレの形の式です。そこにヒントがあるんです。

ほほ〜。

思い出してもらうと、$x^2+10x+20$を両ズレに変換した式は$(x+5)(x+5)-5$でしたね。この右端についている「－5」という値。

実はこれがグラフの頂点のyの値です。山の頂点、もしくは谷底。

へーーー（×3)。

そういう規則性があるんです。yが－5のときのxの値は何かと言うと、二次関数の式に$y=-5$を代入すればわかります。

$$
\begin{aligned}
y &= (x+5)(x+5)-5 \\
-5 &= (x+5)(x+5)-5 \\
0 &= (x+5)(x+5)
\end{aligned}
$$

ここで別にルートを使わなくても、同じ数をかけたら0になるんだから、$(x+5)$ 自体が0にならないといけません。ということは$x+5=0$になるから、xは－5。つまり、
座標$x=-5$、$y=-5$が、グラフの谷底であると。

おお。

でもまだグラフは描けません。そこで最後に二次方程式の解き方を思い出しましょう。$x^2+10x+20=0$の答えは$\sqrt{5}-5$と$-\sqrt{5}-5$でした。

これ、二次関数にあてはめて表現すると、「yが0のときのxの値は$\sqrt{5}-5$と$-\sqrt{5}-5$である」という意味です。ということはx軸上の$\sqrt{5}-5$と$-\sqrt{5}-5$の2点をグラフが通るということです。$\sqrt{5}$は2.2くらいですから、だいたい−2.8と−7.2を通ると。

これだけ情報がそろえば……描けますよね（ドヤァ！！！）。

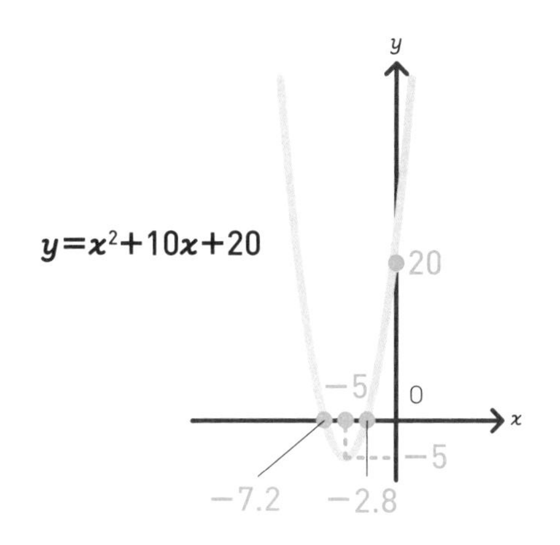

おおっっっ！！！　描けます……！

「谷タイプか？　山タイプか？」「x軸とy軸との交点は？」、それに「頂点の座標」。二次関数の式からこうやって情報を抽出してグラフが描けるようになったら、高校の二次関数は終わり。しかもその計算方法はすでに中学版で習っています。

もしや、「x軸で2つ交差する」のがポイントですか？

いい視点ですね！！！ それが二次関数で非常に大事なポイントで、二次関数は放物線を描きますから谷型でグラフの谷底にあたる$y = -5$よりyの値が大きければ、xの値は常に2つあるということです。

二次方程式を習うときに**「なんで答えが2つあるんだよ」**と多くの文系の人を惑わせるわけですが、グラフで見れば一目瞭然。放物線なんだから、行きと帰りで2回ぶつかるんです。

その例外が頂点。

はい。底や山頂だとxはひとつしかありません。たとえば中学数学で習う二次関数って、頂点が座標の原点（0, 0）を通る$y = x^2$みたいな単純なものしか扱わないんです。二次方程式の問題では$y=0$のときにxの答えが2つある問題をバンバン出すくせに。

頭がフレッシュなうちにグラフでビジュアル化すれば、「そういうことか」って思いそうですよね。

同感です。二次関数を中途半端に高校に持ち越すから「二次方程式難民」が生まれるんですよ。**二次関数は中学できっちり教えればいいというのが私の文科省への提言。**

あと、ひねくれた質問かもしれませんけど、**谷型でyの値が頂点の（0, 0）より低いとどうなるんですか？**

その場合、「解なし」になるんです。

ええ〜？　またまたぁ。式があるならyの値を代入できますよね？

実際にやってみましょうか。

先ほどの二次関数の式に頂点よりも小さい$y=-6$を代入してみます。

$$
\begin{aligned}
y &= x^2+10x+20 \\
-6 &= x^2+10x+20 & \leftarrow y=-6\text{を代入} \\
-6 &= (x+5)^2-25+20 & \leftarrow \text{右辺を両ズレの形に変換} \\
-6 &= (x+5)^2-5 \\
-1 &= (x+5)^2
\end{aligned}
$$

さて、同じ数を2乗したらマイナスになる数字ってあるでしょうか？

んんん……。

（3分経過）ギブっす……。

まさかがんばるとは（笑）。なかなか、思考体力がついてきましたね！　さすが、私の文系一番弟子です。
数学上の理屈に従うと、答えはありません。だから「解なし」でOK。グラフでも表すことができません。

実は「虚数」を使うと表せますが、これはふつうの「数」ではないのでここでは考えません。

こ、答えなし……！？　くっそー……困ったら今度から「解なしっすよ」って答えよう……。

フフフ……愛弟子や、数学には、柔軟さも大事なのですよ。
……ということで二次関数の授業はおしまいです♫
怪しいところがあれば、いつでも「中学版」で復習しておいてくださいね♡

数学では

『解なし』

という答えもある。

コラムまんが

物理学者は名探偵

私も専門にしている「解析」。超便利だということは再三説明していますが…
グラフ
y
x
これと似た言葉に「分析」があります
数字が集まったぞー
データ分析とかね
実は「分析」と「解析」って違う意味があるって、知っていましたか？
データ「分析」とは…
データ（数字）を集めて細かく調べること
比率など
本を読む人の男女比は？
紙の本と電子書籍を読む人の割合は？
本はどこで買う？
本にまつわるデータ
データ「解析」とは…
分析で得られたデータを数式で表し、微分積分を使ってより深～く細かく探ること
う～む…
なぜ電子書籍は若年層に人気があるんだ…？
本にまつわるデータ
「分析」は要素や成分に分けて、その構成を詳しく調べるわけですが…
細か～く調べます。
分析をもとに原因を探るわけですね
「解析」はもっと数学的に考えて、そのデータの背後にある規則性などに迫ります
名探偵!!
自然界の謎解きは物理学者にお任せください！

LESSON 3 時間目

3日目

指数関数はめっちゃ便利！

「$y=2^x$」のように、数字の右肩（指数）に x が入る関数を指数関数と言います。この使い方を知っておけば、実社会でめちゃくちゃ便利。さらっと学んでいきましょう！

指数関数にまつわる用語を覚える

二次関数の復習が終わったので、いよいよ今日のメインディッシュ、ジャジャジャーン！「指数関数」です。数字の右肩に乗った数字のことを「指数」と言いますが、指数に x が入っているものを指数関数と言います。3^x も、4^{2x} も、すべて指数関数です。

難しそう……始める前から涙が。

今回は新しい言葉がいろいろ出てくるので、先に言葉の整理を簡単にしておきますね。まず、3^2 みたいに右肩に数字がついたものを数学用語で「べき乗（じょう）」と言います。英語だと「Power」。

「パワー」って。急に身近感出た（笑）。

どんどん値が増えていくので、力ありそうでしょ？（笑）。

ベースになる「3」のことは「底」と言って、右肩についた小さい文字で書かれた部分のことを「指数」と言います。ちなみに指数は英語だと「exponent」と言います。

そして、底を指数の値だけかけ算することを「べき乗（じょう）する」と言います。3×3は3^2と書くことができますが、これは「底3を指数2でべき乗する」と表現できます。

ここがポイント！

底 → 3^2 ← 指数

↑ べき乗

はい。

で、その指数にxが入っている関数のことを、指数関数と言うわけです。底が2の場合、中学で習う二次関数を、ひっくり返したような感じですね。

ここがポイント！

二次関数	指数関数
$y=x^2$	$y=2^x$

ここまで大丈夫ですか？

はい。なんとか。

$y=2^x$ というのは2日目2時間目の授業で説明した曽呂利新左衛門の米粒の数を計算する式に出てきましたね。

「2倍を x 回繰り返したら y になる」ということですね。

そう。世の中で起きていることを指数関数で表現できる場面って多いので、非常に重要な関数です。**保険の契約や投資をする人は指数関数を知らないと生きていけませんし、経済も理解できません。**

実際の計算は関数電卓やエクセルでできるので自分でする必要はないけれども、指数関数の扱い方はちゃんと知っておいたほうがいいです。

はい。

➡基本ルール①かけ算のときは足す

じゃあ、指数関数の扱い方とは何かと言うと、「べき乗」同士の計算をするときにいくつかの基本ルールがあって、それを覚えたら実は終わりなんです。二次関数や二次方程式のように複雑な公式もありません。しかも、具体的なことは、これまで等比数列のところでたくさん学んできました。

だから、本当に一瞬で終わります。
まずはこんなケースで計算をしたいこともありますよね。
「べき乗」同士のかけ算です。

$$3^2 \times 3^4$$

うーん。

わからなかったらバラしてみましょう。3^2は「3を2回かける」という意味で、3^4は「3を4回かける」という意味。そのかけ算ですからバラして書くとこうなります。

$$3 \times 3 \times 3 \times 3 \times 3 \times 3$$

3の……6乗？

そうです。べき乗同士のかけ算があったら指数の2と4を足せばいいんです。

ここがポイント！〈べき乗同士のかけ算〉

$$a^s \times a^t = a^{(s+t)}$$

よくある間違いは指数の2と4をかけ算して「3^8」という答えにしてしまうことなんですけど、先生はニヤニヤしながら答案用紙にバッテンを書いているはずです（笑）。

かけ算のときに足し算をするって……罠か。

ですよね。だから無理に覚える必要もなくて、少しでも不安だったら簡単な例でバラしてみればいいんです。

そもそも3×3みたいな計算も、指数を使って表すと「$3^1 \times 3^1$」ですよね。指数の「1」と「1」を足したら「2」。だから「3^2」になって答えは「9」であると。

おおー、たしかにそうですね。

はい。これで指数関数の3割が終わりました。

⇨基本ルール②べき乗をべき乗するときはかける

次にこういう例を考えましょう。

$$(2^3)^4$$

うわっ。指数が2重にかかってる。下の2くん……なんか重そう……。

働き者ですよね（笑）。「べき乗」がさらにべき乗されています。でもたじろぐ必要もなくて「カッコに入った数字は『かたまり』として見る」と覚えましたよね。
するとカッコのなかの2^3は「2×2×2」なので「8」。その8を4乗すると4096。

$$(2^3)^4$$
$$=(2\times2\times2)^4$$
$$=(8)^4$$
$$=8\times8\times8\times8$$
$$=4096$$

こうやって計算すれば答えが出ますけど、実は4096って2^{12}のことなんです。

そうなんですか。

ええ。さっきは指数同士を足し算しましたけど、べき乗をべき乗するときは指数同士をかけ算する。3×4って。これもバラせばわかります。

$$(2^3)^4$$
$$=2\times2\times2 \times 2\times2\times2 \times 2\times2\times2 \times 2\times2\times2$$

↑2を3×4回かけている

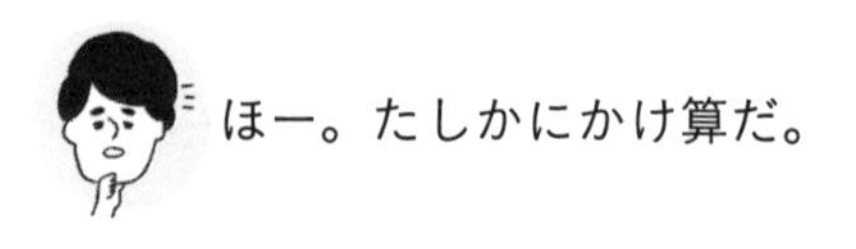

ここがポイント！〈べき乗のべき乗〉

$$(a^s)^t = a^{(s \times t)}$$

基本ルール③割り算のときは引く

はい。そして最後がこのケース。「べき乗」の割り算です。

$$\frac{2^5}{2^3}$$

これも簡単で、分子は2を5回かけて、分母は2を3回かけているんだから、消し合って2回分だけ残る。つまり、今度は**指数同士の引き算をする**んです。

$$\frac{2^5}{2^3} = \frac{2 \times 2 \times 2 \times 2 \times 2}{2 \times 2 \times 2}$$

$$= 2 \times 2$$

$$= 4$$

ポイント!〈べき乗同士の割り算〉

$$\frac{a^s}{a^t}=a^{(s-t)}$$

こちらもバラして書けばすんなりご理解いただけるかと。指数の基本法則はこの3つだけなんです。

指数がマイナスのときはどうなるの?

あれ? 指数がマイナスだったらどうなるんですか。2^{-1}とか。

いい質問ですね!
これは「べき乗同士の割り算」を使って説明します。
今度は$\frac{2^3}{2^4}$にしましょうか。すると分子の2が全部消えて、分母の2が1つだけ残りますよね。だから答えは$\frac{1}{2}$。

計算式はこんな感じ。

$$\frac{2^3}{2^4}=\frac{2\times2\times2}{2\times2\times2\times2}$$

$$=\frac{1}{2}$$

3日目 超あっさり! 高校文系数学の「解析」をマスターする!!

ここで指数の引き算だけ見ると3－4で－1。つまり2^{-1}になるわけですけど、その答えは$\frac{1}{2}$になるということです。
これを公式化すると、こうなります。

$$2^{-a}=\frac{1}{2^{a}}$$

指数がマイナスのときは2^{a}がそのまま分母にくるんです。

いきなりこの公式を見てもパニックになりますけど、実際にバラして書けば難しいことはないんです。

たとえば3^{-4}だと、3^{4}は……81。だから$\frac{1}{81}$ということですか？

正解。マイナス乗とは、実は、上下をひっくり返すという意味になるんです。

ここがポイント！〈マイナス乗〉

$$a^{-s}=\frac{1}{a^{s}}$$

例：$2^{-3}=\frac{1}{8}$

$4^{-2}=\frac{1}{16}$

➩ 指数が「0」のときってどうなるの？

こんなケースも考えてみましょう。

$$\frac{2^3}{2^3}$$

割り算か。フフフ、余裕です。謎はすべて解けました！　指数を引き算すると0ですね。2^0だから……、

答えは0！！！（ドヤァ！）

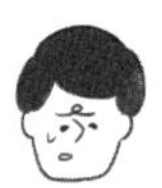

残念！　0にしたい気持ちはわかるんですけど、**指数が0の場合、数学界が決めたルールとして答えはすべて1にします。**

ぐむぅ。全国の文系のみなさんが「はっ？　なんで？」と言っています！

数学的な矛盾を起こさないためです。0乗の答えを1にしないと都合が悪いから。

えええ〜〜〜？　矛盾とか都合って言われてもなぁ〜〜。そもそもの理屈がわからないしぃ〜〜〜。

詳しく説明するんで、やさぐれないでください（笑）。
もとの計算式をよく見てみましょう。$\frac{2^3}{2^3}$ですよね。これ、分子と分母が同じですよね。**ある数を同じ数で割ったら、答えはいくつになりますか？**

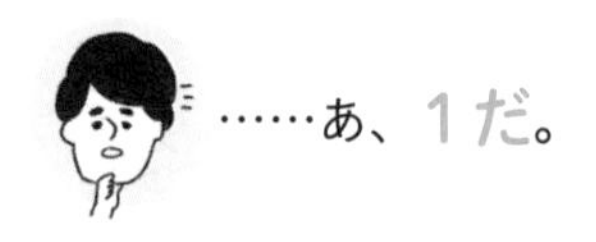

……あ、1だ。

そうですね。だから$2^0=1$にならないと困るんです。

おおーーーー！
先生、神！！

理解していただき、ひと安心です。指数の計算の仕方ってこれしかないので、これで指数を自在に操れるようになりました♪

想像の50倍くらい簡単でした。わからなくなったら、バラして書けばいいんですね～♪

ここが ポイント！〈指数が0のときの計算〉

指数が「0」のときは、答えは「1」になる。

例：$2^0=1$

$50^0=1$

そうなんです！　あ、ゼロのゼロ乗、つまり0^0はふつうは定義できないので、よい子は考えないようにね（笑）。これは大学レベルなので、ここでは割愛します。

➡ルートはべき乗に変換できる

指数関数ではもうひとつ大事な決め事があります。**指数が分数のときはルートに変換できる**というルールです。

たとえば$2^{\frac{1}{2}}$。これ、$\sqrt{2}$に変換できるんです。

$$2^{\frac{1}{2}}=\sqrt{2}$$

なんのことだかさっぱり………。

なぜこの決め事が生まれたのかを説明するために、試しに

$$2^{\frac{1}{2}}\times 2^{\frac{1}{2}}$$

を計算してみましょう。かけ算のときは指数同士を足せばいいんでしたね。すると$\frac{1}{2}+\frac{1}{2}$は1。つまり、2^1という形になります。ようは2です。

はい。

何か同じ数字をかけたら2になるということは、その数字ってプラスだと$\sqrt{2}$ですよね。だから$2^{\frac{1}{2}}=\sqrt{2}$なんです。

$$2^{\frac{1}{2}} \times 2^{\frac{1}{2}} = 2^{\frac{1}{2}+\frac{1}{2}}$$
$$= 2^1$$
$$= 2$$

$2^{\frac{1}{2}}$を2乗したら2になる
ということは
$2^{\frac{1}{2}}=\sqrt{2}$

あっさり証明しましたね。

これが高校数学で習う**分数乗**というものです。公式は以下の通り。

$$2^{\frac{n}{m}} = \sqrt[m]{2^n}$$

例：$2^{\frac{1}{2}} = \sqrt[2]{2^1} = \sqrt{2}$

あのぉ〜、ルートの左上に謎の数字「2」がありますけど……。

そう。実は私たちが習ってきたルートって、左肩に「2」という数字が隠れていたんです。**中学数学ではこの表記は省略するんですけど、実はそこに3とか4がきてもいい。**

たとえば、3回かけたら2になるもの($x^3=2$)を数学では$\sqrt[3]{2}$と書きます。**3乗根**と言うんですけどね。この$\sqrt[3]{2}$を指数で表すと$2^{\frac{1}{3}}$ になる。

$$\sqrt[3]{2} = 2^{\frac{1}{3}}$$

3乗根

全然記憶にない……。

ちなみに学校の試験だと「$3^{\frac{3}{4}}$を$\sqrt{\ }$を使って表せ」みたいな形で出題されることが多いですけど、実社会でよく使うのは逆。$\sqrt{\ }$表記を指数表記に変えるときにこの決め事を使います。
ちなみに、$3^{\frac{3}{4}}$を$\sqrt{\ }$で表すと$\sqrt[4]{3^3}$になります。
何が言いたいかというと、実は**指数関数を覚えたら別にルートの表記は使わなくてもよくなるんです。ルートは$\frac{1}{2}$乗に置き換えてしまえばいいから**。

研究者の方ってルートは書かないんですか？

本人の好みや分野によって分かれますけど、私個人としては指数で表現したほうが直感的にわかりやすいし書きやすいのでルートはあまり使いません。

そういうものなんだ……。

数学を駆使して何かを研究している人たちって、**用途に応じていろんな表記にバンバン変換していく**んです。そのときに指数関数に変換できるようになっておくと便利だよ、というのが今日の結論のひとつですね。

べき乗の扱い方まとめ

ではいったん話をまとめますね〜。
べき乗の3大公式は以下の通りです。

〈べき乗の3大公式〉

- $2^a \times 2^b = 2^{a+b}$
- $(2^a)^b = 2^{ab}$
- $\dfrac{2^a}{2^b} = 2^{a-b}$

そして最後の公式から、

$$2^0 = 1$$

という決め事を導き出すことができました。
さらに「$2^0 = 1$」がわかれば、「指数がマイナスのときは上下をひっくり返せばいい」という公式も、次のように一瞬で導き出せます。

$$\frac{2^a}{2^b} = 2^{a-b} \quad \leftarrow \text{公式}$$

$$\frac{2^0}{2^b} = 2^{0-b} \quad \leftarrow a\text{に}0\text{を代入する}$$

$$\frac{1}{2^b} = 2^{-b} \quad \leftarrow 2^0\text{を}1\text{とする}$$

➡指数関数をグラフにしてみよう！

以上の説明で今後、指数にxとかnとかaとか書いてあったとしても怖がることはありません。ただし、指数「関数」と言うくらいですから、ちゃんとグラフ上でビジュアル的に捉えられるようにならないとその関数を理解したとは言えません。

そういえばいままでずっとべき乗の話でしたね。

そうです。じゃあどうやって指数関数をグラフ化するかですけど実際に描いてみればいい。

たとえば$y=2^x$をグラフにしてみましょう。

まず、$x=0$のとき、yの値はなんでしょう？

えーっと、2^0になるんですよね……。あ、1だ。

そう。そういう決め事でしたよね。だから（0, 1）の座標に点をプロットする。

次に、$x=1$のときはどうでしょう？

2^1だから$y=2$ ！

はい。そして$x=2$のときは2^2なので4。こうやって点を打っていって、すべての点を通るように線を描くと、右肩上がりでグーンと伸びていく曲線が描けますよね。

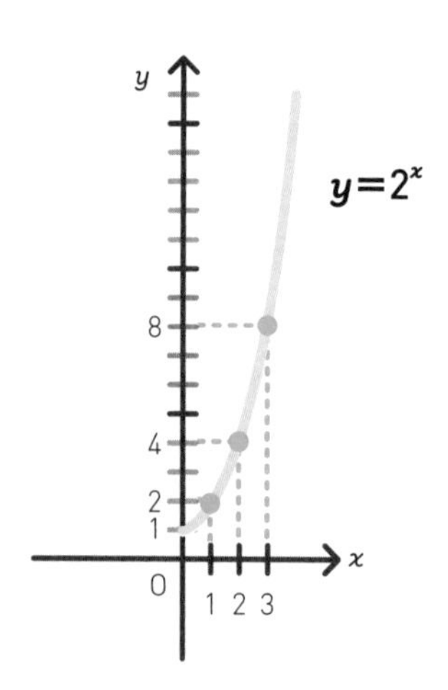

すぐにスペースが足りなくなりそう。

そこなんです。二次関数の $\boldsymbol{y=x^2}$ のグラフも右肩上がりで伸びていきますけど、指数関数のほうがはるかに上までいきそうな感じがしますよね。

y が天文学的な数字になりそう。曽呂利新左衛門みたいに。

いい視点ですね！！！
そこが指数関数を学ぶ上で一番大事なポイントで、**指数関数は二次関数が増えていくペースと比べても、「爆発的」に増えていく**。マルサスも『人口論』で「指数関数的に人口が増えていく」ということを書いていますし、**パンデミック（感染爆発）の脅威も同じく指数関数のこと**なんですよ。

なぜなら1人の感染者が3人に感染させるとすると、最初は3人だったのが9人になって、9人が感染すると27人に感染するみたいに増えていくから。

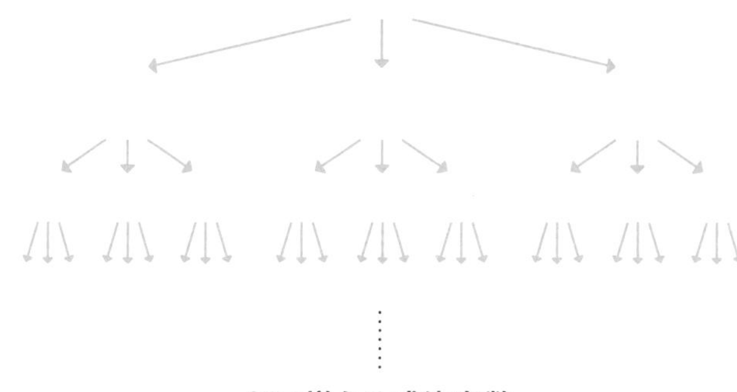

3^xで増える感染者数

うわぁ……2^xとx^2では将来大違いだ。

かつてペストの大流行でヨーロッパの人口が半分になっていますからね。人類の新たな敵となった新型コロナウイルスの爆発的な感染も注意が必要です。

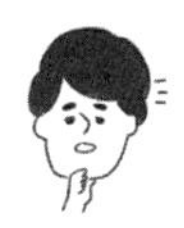

たしかに……「指数関数的に」って表現、AI界隈でもよく聞きますね。

でしょう。もしAIが**人間に頼らず新しいAIを勝手につくれるようになったら、技術革新は指数関数的に向上**してもはや人間には理解できないレベルに一気に到達する。それがいわゆる**シンギュラリティ（技術的特異点）**と呼ばれているものです。

なぜ、指数関数的に伸びるんですか？

新しく生まれたAIがさらに高度なAIを勝手につくる……ということを繰り返すだろうからです。

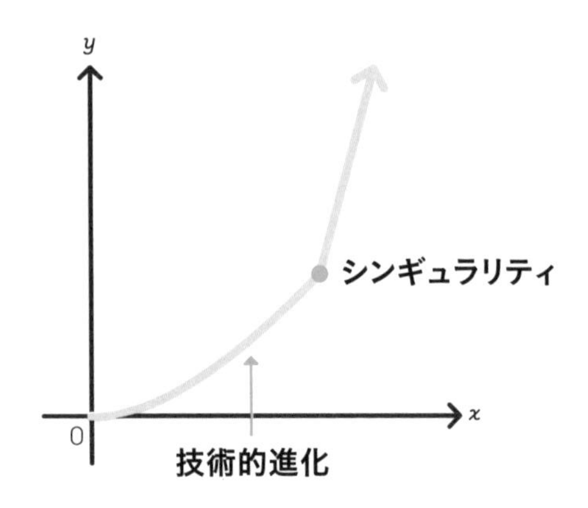

なるほど！

あと、たとえば経営者が「うちの会社ではこれから年10％成長を目指します」みたいな話って、実は指数関数の世界なんです。別に倍々で増える必要はなくて、「年10％成長」なら1.1乗をどんどん繰り返していくということなので。

それって式で書くと……。

xが「何年目」を示すとすると……、

$$x\text{年目の売り上げ} \Rightarrow 1.1^{x-1}\text{倍}$$

xから1を引いているのは、新左衛門の話と同じです。2年目は1.1だし、3年目は1.1^2になると。

なるほど〜。なんか……話がつながって面白い！

フフフ、でしょう？　その感覚をぜひ忘れないでください。

社会問題の多くは、数学のいろんなアイテムを組み合わせることで解けるんです。高校数学でもその体験が本来できるんだけど、教科書ではバラバラに教えるから「なんでこんな勉強をしているんだろう」という疑問が消えない。

でも、いまの話で指数関数と等比数列とデータサイエンスがつながりましたね。無駄なものって何ひとつないんですよ。

おまけでOK！の対数関数

では、指数関数のおまけである対数関数もパパッとやりますか。私自身、対数関数は重要ではないと思っているんだけど、一気に説明したら比較的理解してもらいやすいかなと思うんです。

ええと……そもそも対数関数ってなんでしたっけ？

logって書くヤツです。間違っても「10グラム」と読まないように！（笑）。「ログ」ですからね。

log……。過去のツライ思い出が走馬灯のように……。

指数関数って$y = 3^x$みたいな形でしたよね。「$y =$」という形になっているのがポイントで、xに何か値を入れたらyが

計算できるのが指数関数。新左衛門の例だとxは日数で、yはその日にもらえる米の数。つまり「5日目なら何粒もらえるかな？」という計算ができたということです。

でも、逆に新左衛門はこんな問いを持ったかもしれないですよね。
「米粒が10万粒を超えるのって、何日目なんだろう？」って。

たしかに。それは考えるかも。

でしょう。はじめから目標値のyが決まっていて、そのときのxを求めたい。こういう形の関数を数学では逆関数と言います。そしてどんな関数でも逆関数はあるんですよ。

ん？　たとえば二次関数を「$x=$」という形に変形したら、それも逆関数って言うんですか？

言うんです。**二次関数$y=x^2$の逆関数はルートをとればよいので「$x=\pm\sqrt{y}$」**。

へーー。で、指数関数にも逆関数があると。

はい。$y=2^x$という式を、$x=$という形にしたいんです。

$$y=2^x \rightarrow x=\ ?$$

あれ？　こんな単純な式なのに変形できない！

そこで使うのがlogという特殊な記号なんです。logを使って「$x=$」という形に変えると、こうなります。

$$x=\log_2 y$$

なんじゃこりゃ……魔法詠唱？？？

文系には魔法に見えちゃうかもですね～（笑）。これが対数関数で、意味合いとしては「底が2のものをべき乗してある値（y）になるには、何乗（x）したらいいか？」ということです。ちなみにlogは、対数の英語名のlogarithmに由来しています。

⇨天文学的な数字も扱いやすい！ 対数関数

書き方には流儀があって、logの右下に「底」を書きます。今回は2^xなので底は2ですよね。さらにその横に大きく「y」と書く。このyは実際にx乗したときの結果のこと。数学的には**「真数（しんすう）」**と言います。

$$x = \log_2 y$$

（2^xの2にあたる数字）底　　真数（2^xの値）

ここに10万粒みたいにターゲットとなる数字を代入していくんですね。

そうです。たとえば……、

2のべき乗を繰り返して4096になるには何乗したらいいか？

を知りたいとしますよね。そのときは「$x = \log_2 4096$」と式を書いて、電卓とかエクセルで計算すればいいんです。

これも電卓でできるんですか？

できますよ。じゃあまたiPhoneの画面を横向きにして電卓を開いていください。

おぅ……、「$\log_{10}$」という謎のボタン発見。

それは「10の何乗か？」を計算するボタンなので、左端にある「2nd」というボタンを押してください。すると「$\log_2$」というボタンが出てきますよ。

おおお！　出ました！！

出ましたね（笑）。この状態で、「4096」と打ち込んで「$\log_2$」を押してください。

……というか、関数電卓でlogを押している自分が信じられない！　あれ？　もしや俺って、めっちゃイケてる……！？

（華麗にスルー）だからね、logの概念さえ覚えていれば、こういう計算がすぐにできちゃうんですよ。

答えは、「12」！　2を12乗すると4096になるのか！

文明の利器、バンザイ……！！！（号泣）

この対数という考えは、**ネイピアという超絶イケメンの数学者**が400年以上前に考えたものですけど、彼は一生をかけて対数を研究して、彼のおかげで我々人類はいろんなことが計算できるようになったんです。

ジョン・ネイピア
(1550－1617)

ネイピア……ティッシュみたい。

(かぶせ気味に) 何がうれしいってね！　ものすごく大きな数字でも、いったんlog表記に変えてしまうことで、**超絶計算がしやすくなったんですよ～(感涙)**。

……あ、盛り上がってるところ、すみません。何が便利なのか、超絶イメージが湧きません。

ですよね (笑)。たとえば「3^{5000}」って桁数がめちゃくちゃ多いですよね。そのままだと「あれ？　電卓がエラーになるけど？」となってしまいます。そのとき、logを使った表記に変えると式全体がコンパクトになるんです。たとえば……、

$$y = 3^{5000} \rightarrow \log_3 y = 5000$$

ですから、とんでもなく大きな数字3^{5000}を扱わなくても、せいぜい5000という数字を扱っていけばよいのです。

つまり、桁数の多い数字については計算の最中だけlog表記に書き換えてカチャカチャ式をいじり、最後の最後で数値に変換

するときにlogが残っていたら電卓で計算してしまえばいいと。

logの概念が出てきたことで**天体力学や宇宙にまつわる計算が飛躍的にやりやすくなった**んです。

宇宙かぁ。たしかに扱う数字が果てしなく大きそう（笑）。

「天文学的数字」という言葉があるくらいですからね〜。

でも……、ぶっちゃけ、私は日常生活で天文学的数字を扱うことがありませんが……。

対数関数が重要ではない理由はそこなんです。普通の人には用がないから。しかも**logは大きな数字を別の形で表すための「便宜上のルール」のようなもので、独自の特別な公式があるわけではない**んです。

そうなんですね。

大事なのは指数関数。だって対数関数は指数を言い換えているだけなので、よほどのことがない限り、指数関数でゴリゴリやっていればなんとかなるんですよ。
対数関数に関しては「天文学者が使っている便利な道具だよね〜」「指数関数の逆関数だったわ〜」くらいのイメージを持ってもらえれば十分かな、と。

指数関数と音楽の深〜い関係

指数関数がどれだけ社会の役に立っているかという例で、どうしても紹介したいのが「音楽」なんです。

音楽？　数学と関係がなさそうですけど。

大ありなんです。指数関数がなかったら西洋音楽は成り立たない。ドレミファソラシドも存在しないし、楽譜もない。**私がオペラ歌手としてCDを出すこともない。**

なるほど……って、納得しかけましたけど、先生のオペラはめっちゃ趣味の話ですよね（笑）。

バレたか（笑）。さておき、ちょっとピアノの鍵盤をイメージしてください。「ド」から1オクターブ上のドの下の「シ」までの間に、12個の鍵盤がありますよね。白いのが7個。黒いのが5個。そしてだんだん音が高くなる。

はい。

ここで、**「音の高さの正体は何か？」と言うと周波数、つまり1秒あたりの振動数**なんです。
ピアノの中には弦（げん）がたくさん張ってあって鍵盤を押すとハン

マーが動いて弦を叩く。そして弦が揺れることで音が出るわけですが、その弦が1秒間に何回振動するかが周波数。この周波数が多いほど音が高くなります。周波数で使う単位はHz（ヘルツ）で、現在だと鍵盤の中央にある「ラ」の周波数を440Hzにするのが国際標準とされています。

へえ〜〜、そうなんだ。

で、「1オクターブ高い音」というのは実は周波数が2倍のことを言うんですよ。

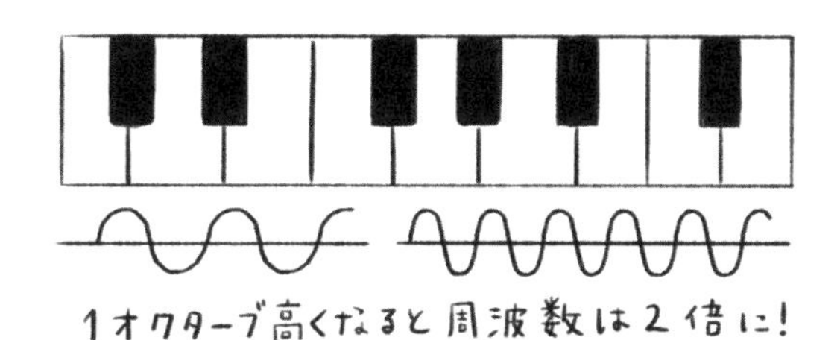

1オクターブ高くなると周波数は2倍に！

「2オクターブ高い音」なら、2^2で4倍。「3オクターブ」なら、2^3で周波数は8倍になる。

へぇ、面白い！　「ドレミファソラシド〜」って音だけ聞いていると、じわじわ高くなっていく感じがしますけどね。

耳ではそう感じますけど、数学的には音が高くなればなるほど、文字通り指数関数的に振動がせわしくなっていくという理屈なんです。
この理論を最初につくったのは「ピタゴラスの定理」で有名なピタゴラスね。

ピタゴラス
（紀元前582ー紀元前496）

出た……！　中学で習う幾何のラスボスじゃないですか！

はい。よく覚えていましたね！　彼は数学者だけど音階をつくった張本人でもあるんです。

きっかけは鍛冶屋から聞こえたカンカンというハンマー音。異なる音が重なって聞こえるときに、たまにやたらと心地よい音があることに気づいたんです。「あれ？　なんだろう、この調和した感じ」って。調べてみたらハンマーの重さの比率によって規則性があることがわかったんです。

そこに気づくピタゴラスが、ヤベェな……（汗）。

神（かみ）ってますよ。1オクターブ上だと周波数が2倍になるとか、ソの周波数をドの1.5倍にするとか、彼が決めたんです。これが**ピタゴラス音階**というものです。
でも、それに対して異議を唱えた人がいます。それがかの有名なバッハ。

実はピタゴラスは音階の周波数を考えるときに、前回少し説明した**調和平均**（p.117, p.127）という計算方法を使ったんです。80と60の平均を、$\frac{1}{80}+\frac{1}{60}$と計算するやり方です。

へえーー。計算で音階を。

調和平均でもそれなりの音階になるんですけど、キレイな等比数列にはならないんです。中途半端な端数が出てしまう。

そこでバッハは「それじゃ、ダメ！」と言って、「1オクターブ＝周波数2倍」という基本は残しつつ、**12の音階をキレイな等比数列になるように調整**した。こちらは「平均律」と言って、現代音楽の主流なんです。

まさかここで等比数列が出てくるとは……。

指数関数は毎回同じ数字をかけるわけですから、必ず等比数列になりますよね。

そっか！！！

つまり、バッハは「12乗したら振動数が2倍になるように、音階を調整したい！」と思ったんですね。
音階の周波数を数学的に書くと、こうなります。

$$x,\ xr,\ xr^2,\ xr^3,\ xr^4,\ \cdots\cdots,\ xr^{12}$$

一番右のxr^{12}が$2x$になればいいわけですから、$xr^{12}=2x$の式を解いて、公比rを計算する必要があったわけです。

これ、両辺をxで割れば$r^{12}=2$という方程式になりますよね？

$$xr^{12}=2x$$
$$r^{12}=2$$

これが解ければ等比数列の公比rがわかる！

う……っ。どう解くんでしたっけ？

両辺を$\frac{1}{12}$乗してみましょう。

ななな、なんで突然$\frac{1}{12}$乗……？（メダパニ状態）

左辺を$r=$という形にしたいからですよ〜。実際にやってみましょうか。

$$r^{12} = 2$$

$$(r^{12})^{\frac{1}{12}} = 2^{\frac{1}{12}}$$ 両辺を$\frac{1}{12}$乗する

$$r = 2^{\frac{1}{12}}$$

左辺は $(r^{12})^{\frac{1}{12}}$ になり、右辺は$2^{\frac{1}{12}}$ になります。ここで左辺の形に注目して欲しいんですけど、「べきのべき乗」は、指数同士をかけ算するんでしたね？

すると左辺はrだけが残って、右辺は$2^{\frac{1}{12}}$。これがバッハの考えた「平均律の公比」です。バッハ、超偉大！！！

⇨指数関数をiPhoneで計算する方法

$2^{\frac{1}{12}}$？　2が$\frac{1}{12}$を背負って……もう何がなんだか……。

これもiPhoneの電卓でできます。関数電卓モード（標準の電卓アプリを起動し、画面ロックを解除してiPhoneを横向きに倒す）にして「2nd」ボタンを押すと、底が2のべきを計算してくれる「2^x」というボタンが表示されます。

xに入る「$\frac{1}{12}$（つまり、1÷12)」を計算してから、「2^x」ボタンを押してみてください。

おおお！　出ました！　**1.0594630……！！！**

つまり、**平均律の公比は「ほぼ1.06」**ということ。投資で言えば、**年利6％で運用できれば12年後には2倍になる**と。音楽家はみな「1.06」というこの不思議な数字を知っています。その数字は等比数列と指数関数から計算されているという、復習を兼ねたトリビアでした♪

数学者が音楽を愛する理由がわかりました……！！

これで高校文系数学の「関数」がサクッと終わりました♪

ここまで来られるなんて……！！
感無量です！

4日目

爆速で！高校文系数学の「幾何」をマスターする!!

Nishinari LABO

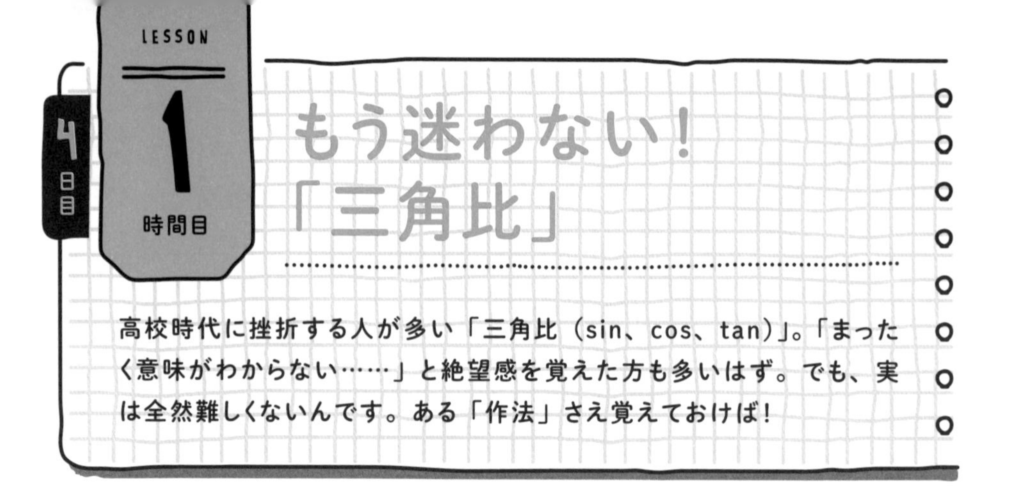

もう迷わない！「三角比」

高校時代に挫折する人が多い「三角比（sin、cos、tan）」。「まったく意味がわからない……」と絶望感を覚えた方も多いはず。でも、実は全然難しくないんです。ある「作法」さえ覚えておけば！

余弦定理で三角形をマスターする

代数、解析とやってきて、今日やるのは最後に残っている幾何です。

中学数学の幾何のラスボスはピタゴラスの定理でしたよね？

そう。で、**高校文系数学の幾何のラスボスもまたピタゴラスの定理で、その拡張版の「余弦定理」を学びます。**理系数学の場合はさらにベクトルという大ボスがいます。ベクトルは特別授業でやるので、今日はとにかく余弦定理に専念しますね。

ピタゴラスの定理を簡単に復習しておくと、直角三角形の一番長い辺の長さをcとして、ほかの2辺の長さをaとbとすると、**「$a^2+b^2=c^2$」**という**奇跡的にシンプルな式**が成り立つ、という話でした。

中学版ではその証明を3パターンでやりましたね。

そうです。高校ではそこからレベルアップして、直角三角形以外の三角形を扱います。どんな形の三角形でも3辺の関係が式で示せるようになること。これがゴール。

その関係性を示す公式のことを「余弦定理」と言うんです。

実際の教科書ではほかにも細かいことをごちゃごちゃやりますけど、圧倒的に大事なのが余弦定理。なぜなら余弦定理の式に直角三角形をあてはめると、「$a^2+b^2=c^2$」というピタゴラスの定理も導き出せるからです。余弦定理のなかにピタゴラスの定理が内包されている。

内包？

より汎用性が高いということです。

へーーー。

で、今回も公式を覚えることを目的とせずに自力で余弦定理を導き出せるようにしていきたいんですが、そのために必要な最重要アイテムが三角比。文系の宿敵、sin（サイン）、cos（コサイン）、tan（タンジェント）です。

イヤすぎて、名前を聞くだけで変な汗をかきます（笑）。

コツがあるので絶対に理解できるように説明します。
あと、余弦定理とは別に、三角比を使った三角関数というものも高校では習います。解析の領域で扱うのが一般的ですけど、三角比を勉強するので、余弦定理の話のあとに、一瞬で終わらせます。

先に全体像を見せていただけると、少しだけ気がラクです。

三角形を描くときの西成的流儀

ではさっそく余弦定理という山頂を目指して、少しずつ準備をしていきますね。まずはこの図を見てください。

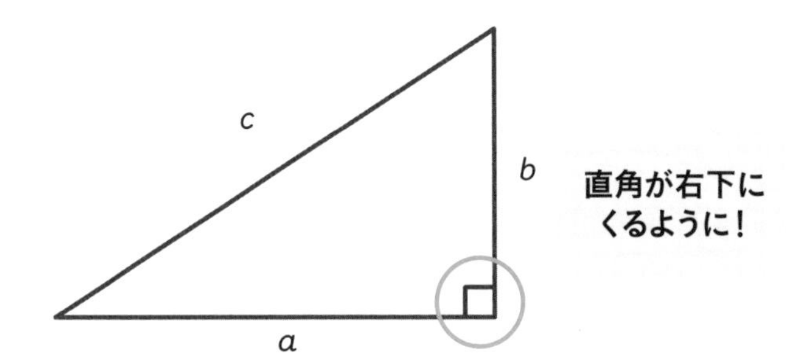

直角三角形があって、3辺にa、b、cと名前が振ってあります。そして、各辺の長さも名前と同じくそれぞれa、b、cとします。**中学までは直角三角形をどう描こうと自由でしたが、実は流儀があります。**高校数学からはその規則性を覚えましょう。

一番大事な流儀が、直角が右下にくるように描くこと。もし左上とか左下とか右上に直角がある三角形を扱うときは、面倒でも右下にくるように描き直しましょう。

細かいな。私、人に命令されるのが嫌いなタイプなんですよねぇ……。

ワガママだなあ♡
「規則に従わないと無駄に損をすることになる」と言っても従わないですか？

秒で従います！（笑）

そうしてください（笑）。あとですぐにわかりますけど、ここでこの流儀を覚えておかないと三角比でパニックになるんです。タブーを冒してこの本を読んでいる中学生がいたら、このルールを中学のときから習慣にしておくと高校に入ってからラクです。

⇨sin、cos、tanは辺の比のこと

この位置関係を覚えたという前提で話を進めると、次はa、b、cの3辺の長さの比に着目していきます。

比ですか？

はい。「割合」でも「倍率」でも言い方はなんでもOK。
たとえば$\frac{a}{c}$は数学の世界ではcos（コサイン）と言います。$\frac{b}{c}$はsin（サイン）。$\frac{b}{a}$はtan（タンジェント）と言います。

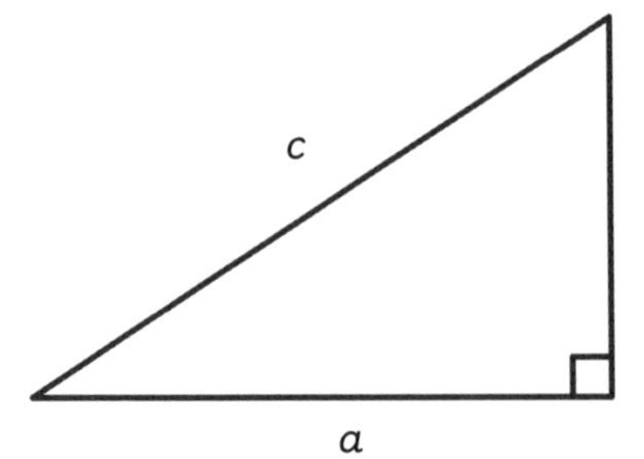

$\frac{a}{c}$ ＝ cos（コサイン）

$\frac{b}{c}$ ＝ sin（サイン）

$\frac{b}{a}$ ＝ tan（タンジェント）

キターッ！　私の宿敵……！！

でも、難しいことは言っていないですよね。「$\frac{a}{c}$」は「辺$\boldsymbol{a}$の長さを辺$\boldsymbol{c}$の長さで割ったもの」。つまり両辺の比ですよね。その比のことをcosと呼ぶよ、と言っただけです。

うーん。比のことだったんだ……。

だからsin、cos、tanは「三角比」と言うんです。辺の「比」なんですよ。ただ、sinがどの辺とどの辺を割ったものでという部分が紛らわしいだけ。

どれに該当するかは気合いで覚えるしかないんですか？

覚え方は簡単。cosは、三角形の外周をなぞるように英語でcを書いてみます。すると辺$\boldsymbol{c}$を通ってから辺$\boldsymbol{a}$を通りますよね？　このとき頭の中で「c分のa！」と言ってみる。先に通るほうが分母、あとで通るのが分子です。

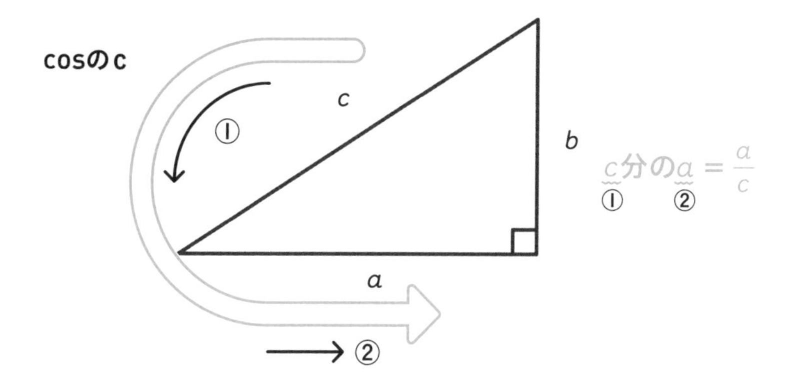

おおおーーーー！

sinは筆記体のsを書きましょう。こういうヤツ「$\mathcal{S}$」ですね。

すると辺$\boldsymbol{c}$を通ってから辺$\boldsymbol{b}$に行きますよね？　だから「$\boldsymbol{c}$分の$\boldsymbol{b}$」。

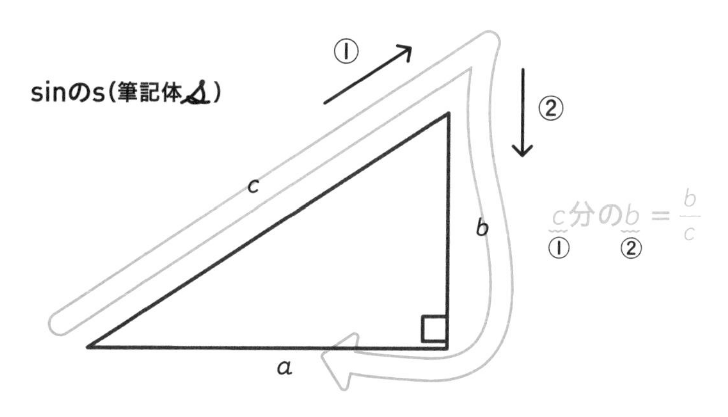

tanも筆記体でtを書く。辺$\boldsymbol{a}$を通ってから辺$\boldsymbol{b}$に至ります。だから「$\boldsymbol{a}$分の$\boldsymbol{b}$」。

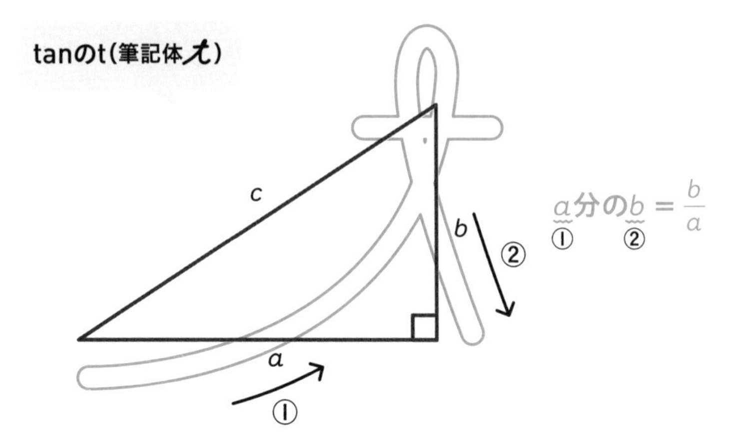

筆記体を書ける大人なら覚えやすいですね。

東大教授の9割8分もこうやって覚えています（笑）。

繰り返しますけど**この関係が成り立つのは直角三角形限定で、しかも直角を右下に置いたときだけ。**だから面倒でも三角形を描き換えたほうがいいんです。逆に三角形の配置さえできていれば、三角比を思い出すのは簡単。

うわ〜〜〜！　めちゃくちゃ納得しました！！

⇨tanの存在は忘れてしまえ！

ここで1つ学校では教えない重要なことをつけ加えます。tanはどうでもいい存在なので忘れてください！！

え？　どうでもいい……？

なぜならtanはsinとcosで表せるからです。

説明しますね。tanは「$\frac{b}{a}$」のことでした。「辺aに対して辺bが何倍の長さなのか」を表すものです。一方でcosは「辺cに対して辺aが何倍の長さなのか」、sinは「辺cに対して辺bが何倍の長さなのか」を表すものです。なにか気づきます？

もしかして、辺cが共通していること？

そう。cosもsinも辺cに対して何倍なのかを表す比のことなので、cosとsinの比は、すなわち辺aと辺bの比なんです。

cos	sin	tan	
$\frac{a}{c}$	$\frac{b}{c}$	$\frac{b}{a}$	⇨ $\frac{\sin}{\cos}$

tanはsinとcosの表記に置き換えられる！

たとえば、いったん三角比は忘れてA君の身長がC君の1.2倍だとします。B君の身長はC君の0.9倍。このときA君とB君の身長の比は何対何になりますか？

あ、1.2：0.9ですね。そういうことか！

そう。三角比のtanって、A君とB君を直接比較した結果なんですね。でもそれぞれC君との比較データがあるんだから、それを使えばいいんです。

sinとcosの概念を高校数学に導入するのは大きな意味がありますけど、tanは明らかに過剰な情報。この本では不要なので省略します（笑）。

さすが「ムダとりの歌」でCDデビューされているだけありますね（笑）。

小椋佳さん作詞・作曲だからもっと売れると思ったんですけど（涙）。まあ、とにかくtanは忘れてもいいということです。

直角三角形の定義に必要なθ（シータ）

ただし、いまの話だけで三角比が終わってしまうと収まりが悪いんです。

たとえばcosは辺***a***と辺***c***の比を表す記号だということはわかったけど、「どんな直角三角形の？」という情報がないんですね。直角三角形と言っても、辺***a***がやたらと長いものもあるし、辺***b***が長いものもあるから。

あー、そっか。

では「どんな直角三角形の？」を示すにはどうするか。前提として右下に直角があることはわかっています。だとすると、残りの2つの頂点のうち1つの角度が定まれば、その三角形のフォルムが決まります。

なぜなら3つの内角を足したら180度になるというのが三角形の性質だから。

でしたっけ（笑）？

はい。小学校で習います（笑）。
ここでまた数学の決まり事が出てきます。直角三角形の直角を右下に置いたときの左下の角度。つまり辺cと辺aで挟まれた角度。この角度のことをθ（シータ）と呼ぶことが多いのです。

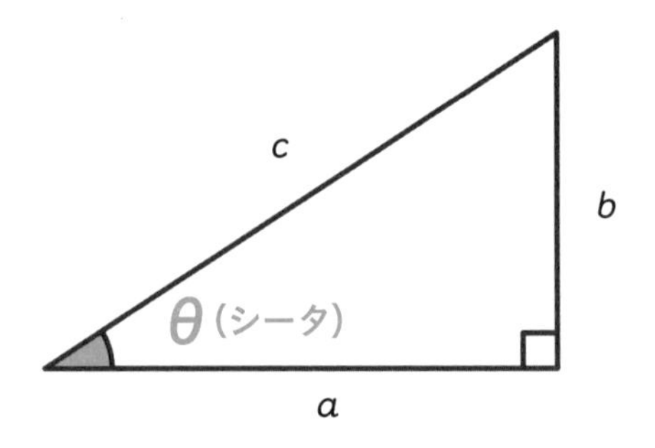

そしてθをsin、cosの右に書く。これが三角比の正しい表記。

$$\frac{a}{c}=\cos\theta$$
$$\frac{b}{c}=\sin\theta$$

シータ！？　パズー……！（ラピュタネタ、すみません）しかし、右上の角なのか左下の角なのかで迷いそう。

右上か左下かで迷ったら**「左下（ひだりシータ）だ！」という鉄板の親父ギャグで覚えましょう（笑）**。

くっ……、滅びの魔法「ひだりシータ」！　悔しながら確実に覚えられました……（笑）。

解法に導く言葉ね（笑）。たとえば直角二等辺三角形ならθは45°。このときの辺cと辺aの比って覚えてます？

あーーー、なんかルートが入るやつですよね？

そう。$\sqrt{2}$：1です。だから$\cos 45^\circ = \frac{1}{\sqrt{2}}$と書けるわけです。

θに値を代入していいんですか？

もちろん。xとかyと同じで、わからないときはθのままで、わかっていれば角度を入れればいいんです。

たとえばsin55°みたいなとき、実際の値ってどうやって計算するんですか？

関数電卓で計算できます。「sin」「cos」「tan」のボタンはどんな関数電卓にもあるので、「55」「sin」と順に押せば……。

ちょっとやってみます……。0.819……！

ただ、学校の授業だと電卓が使えないでしょうから、**代表的なものだけ暗記しておくもの**なんです。最低限記憶しておきたい大事な値の一覧を載せておきますね。

覚えておきたい三角比

$\sin 30^\circ = \frac{1}{2}$　　$\cos 30^\circ = \frac{\sqrt{3}}{2}$

$\sin 45^\circ = \frac{1}{\sqrt{2}}$　　$\cos 45^\circ = \frac{1}{\sqrt{2}}$

$\sin 60^\circ = \frac{\sqrt{3}}{2}$　　$\cos 60^\circ = \frac{1}{2}$

ピタゴラスの定理を習うときに一緒に教わった気がする……。

そうそう！　θが30°、45°、60°の直角三角形は比がキレイに表せるので、3辺の比を覚えたほうが早いし、確実かもしれないですね。下の図をよく見ながらこの表の三角比を覚えてください。

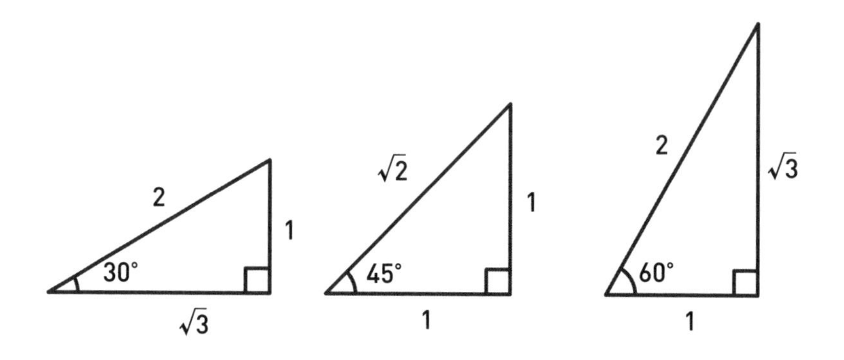

あるある！　引っかけ問題

学校だといじわるな問題が多くて、こんな三角形が出てきて「cos θを求めよ」みたいな問題がよく出ます。

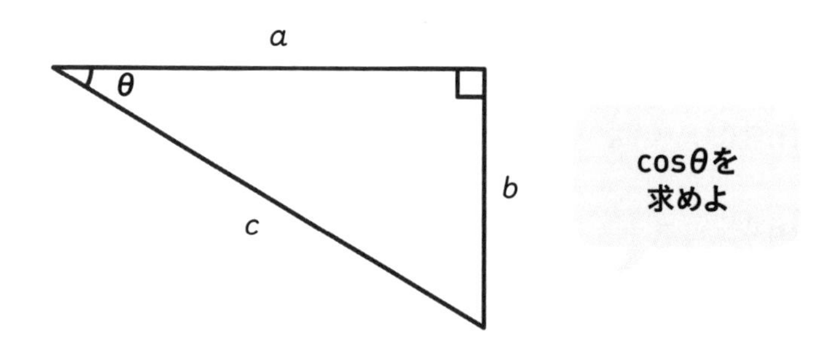

直角が右下にないといけないから、時計回りに90度回す？

ひっかかりましたね（笑）。それだとθが右上になってしまうんです。「左シータ」ですよ！

正解は、三角形を上にパタンとひっくり返す。θは左シータ（左下）でしたね（笑）。そこにもとの三角形に該当する辺や角度を書き込む。この下準備ができたら、ようやく三角比の出番なんです。

えーっと。$\boldsymbol{c}$だから「$\boldsymbol{c}$分の$\boldsymbol{a}$」ですね。

はい。$\cos\theta=\dfrac{\boldsymbol{a}}{\boldsymbol{c}}$が答えです。

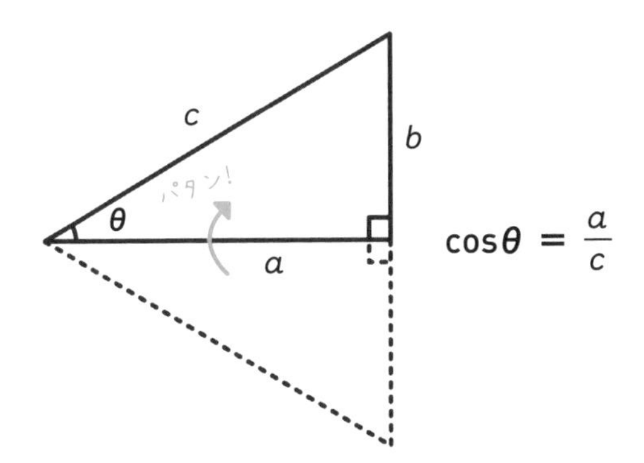

高校で習う三角比の問題って、冷静になって正しく三角形を描き直すことさえできれば簡単に解けちゃいます♪

以上が三角比の説明でした！

ええっ、これだけ？！

長年の宿敵だったのに……意外とあっさりと倒せて、驚きました。

でしょう？　コツさえつかめば超簡単なんです。

文系の宿敵の三角比
（sin、cos、tan）は、

「困ったら、右に直角、左シータ」で即解決！

ちょっと
休憩……

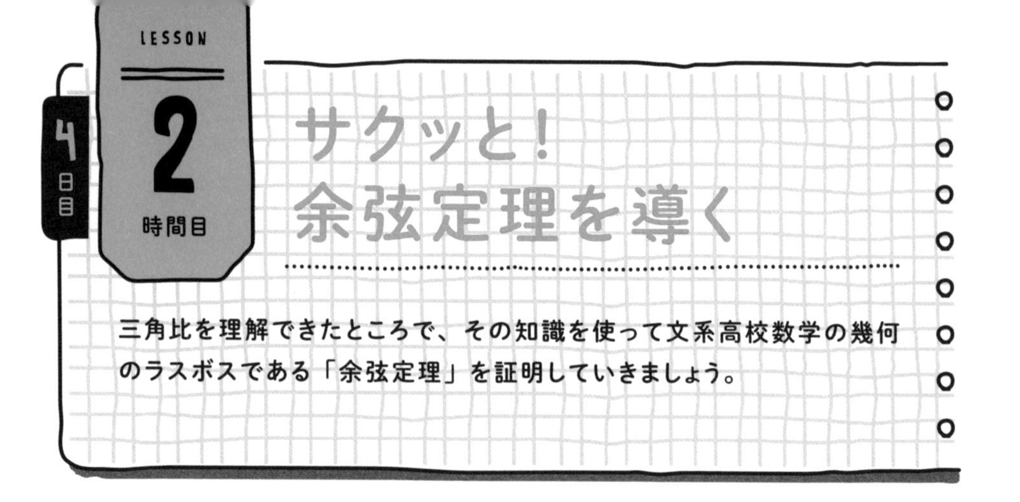

サクッと！余弦定理を導く

三角比を理解できたところで、その知識を使って文系高校数学の幾何のラスボスである「余弦定理」を証明していきましょう。

三角比を使ってできること

三角比というアイテムをゲットしたところで何ができるようになるか？　実は、高校数学では2つのことができるんです。

1つが解析の領域にあたる「三角関数」。これはあとでやります。
そしてもう1つが幾何の領域にあたる「余弦定理」。「どんな形の三角形でも3辺の関係が式で示せるようになること」を目指します。とりあえずこの余弦定理をやりましょう。

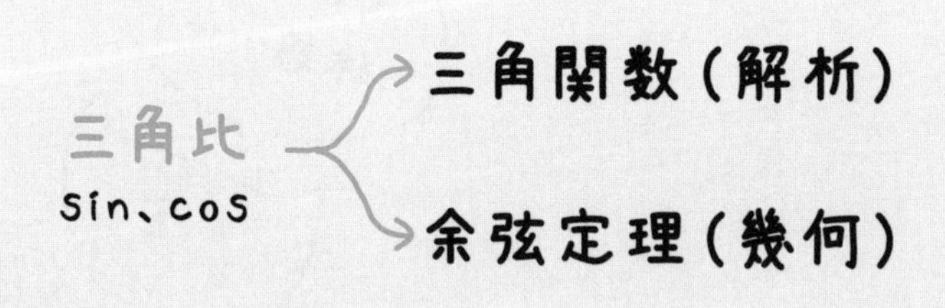

先生、ずっと気になっていたんですけど「ヨゲン」って、いったいなんのことですか？

実はcosのことです。日本語でsinのことを「正弦（せいげん）」と言い、cosのことを「余弦」と言います。余弦定理はcosを使うから余弦定理といいます。

そうなんですね！　もしかして「正弦定理」もある？

あるんですけど、無視します（笑）。余弦定理はピタゴラスの定理の拡張になっていてはるかに便利！なので、この本ではこちらのみをとり上げます。

では三角比の知識を使って余弦定理の証明を一瞬でやりましょう。

⇨余弦定理を導く①下準備

まず、こんな三角形PQRを描いてみます。

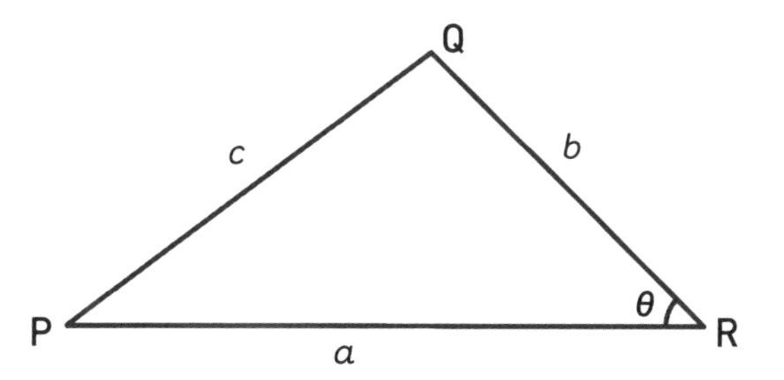

直角がどこにもありません。それなのに3辺の関係式を求めなくてはいけない。ヤバイですよね。しかもいじわるなことに、右下にθが書いてある。「どないせいっちゅーねん！」と言いたくなります。

……うーん（まったく手が出ねぇ……）。

「オラ、手が出ねぇぞ……」って顔をしていますけど、幾何の問題で手が出ないときの秘訣は、手を動かすことです。

うまいこと言った（笑）。

とりあえず点Qから辺aに向かって垂線を下ろしますか。そして、その垂線の長さをhとしましょう。すると、もとあった三角形が2つの直角三角形に分けられました。

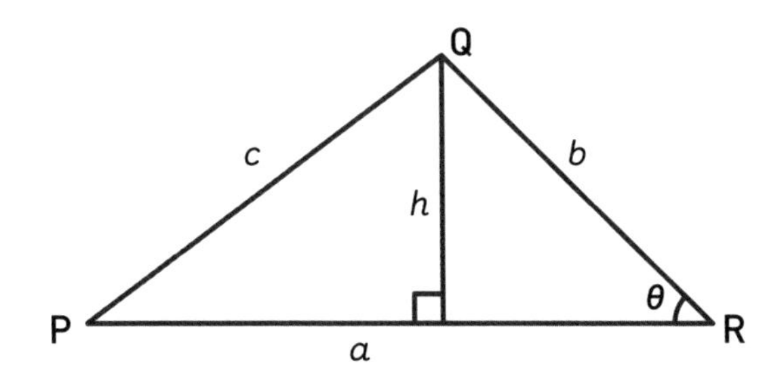

おっ。

「おっ」となりますよね。ではこの補助線によって右側にできた直角三角形に注目してみましょう。直角もあるし、θもある。hとbの関係を三角比で表してみましょうか。

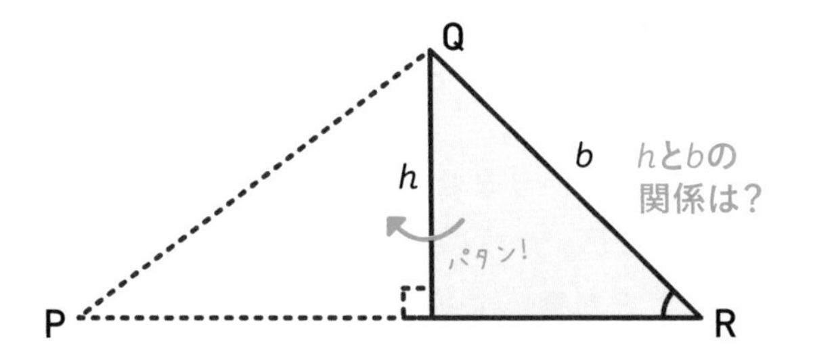

んんん……？

このまま考えるとドツボにはまるので、流儀に従って直角が右下、θが左下にくるように三角形を描き換えましょう。この場合、左にパタンと倒すだけですね。すると***b***を通って***h***にいくのは……。

sinです！

その通り。

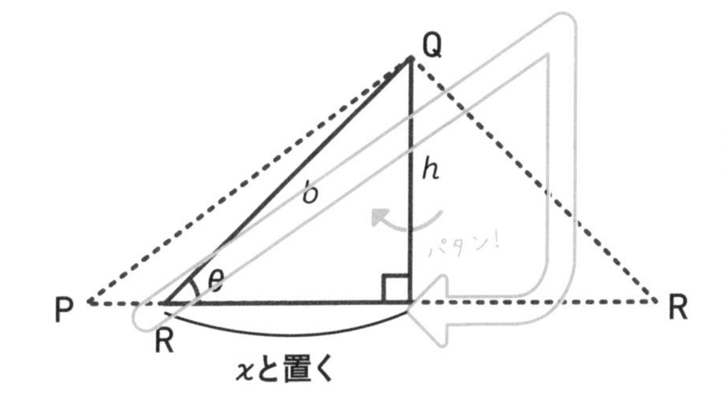

下準備①

$$\sin\theta = \frac{h}{b}$$

とりあえずここで$\sin\theta = \frac{h}{b}$という式が立てられました。この式はあとで使います。

今度はパタンと倒した直角三角形の底辺の長さを***x***としましょうか。さて***b***と***x***の関係を三角比で表すとどうなりますか？

bを通って***x***にいくのは……cos。

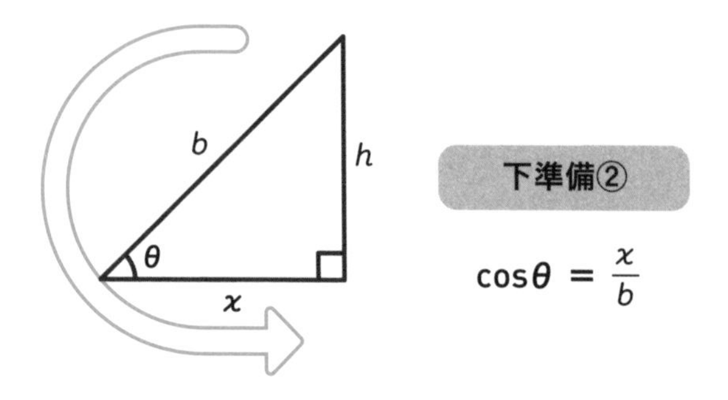

はい。これで $\cos\theta = \frac{x}{b}$ という式が立ちました。以上で下準備が完了です。

余弦定理を導く②式を立て、ほぐす

今度は左側の直角三角形に注目しましょう。この三角形の高さは h。底辺は、a から x を引いたものですから $a-x$ と書くことができます。一番長い斜めの辺の長さは c ですね。

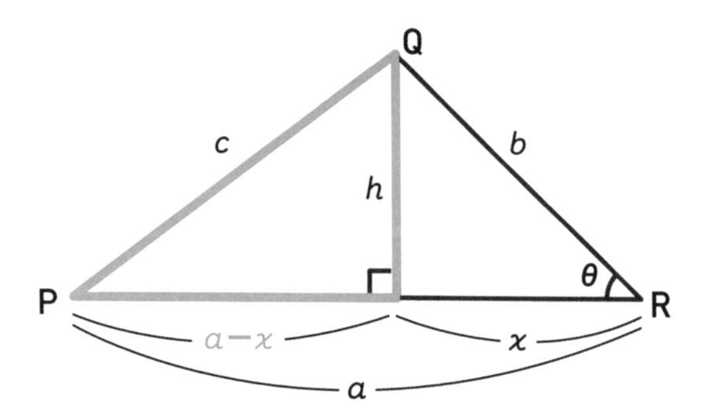

これをピタゴラスの定理にあてはめてみます。

$$(a-x)^2+h^2=c^2$$

はい。……これってなんのためにやっているんでしたっけ？

最終的に、ピタゴラスの定理の拡張である a、b、c の関係式を導きたいんです。

でも……逆にわからない記号が増えていますよね……。

そうですね。
ここで、下準備をした式を活用して、$(a-x)^2+h^2=c^2$ という式の「x」と「h」を、x と h を使わない表記に変えます。

ほう。

まず x ですが、先ほど $\cos\theta=\frac{x}{b}$ という式が立ちましたよね。
この式の両辺に b をかけると $x=b\cos\theta$ になるんです。

下準備② $\cos\theta=\frac{x}{b}$ ← 両辺に b をかける

$$b\cos\theta=x$$

$$x=b\cos\theta$$

おっ！

次にh。$\sin\theta = \frac{h}{b}$という式が立っています。こちらも両辺にbをかけると$h = b\sin\theta$になるんです。

下準備①

$$\sin\theta = \frac{h}{b}$$ ← 両辺にbをかける

$$b\sin\theta = h$$

$$h = b\sin\theta$$

お、おっ！　何だろう……、ちょっとはっちゃけそうです！

見えてきたようですね（笑）。
最後の仕上げに「$(a-x)^2+h^2=c^2$」の式のxとhを、それぞれ$b\cos\theta$と$b\sin\theta$に置き換えます。

$$(a-x)^2+h^2=c^2$$ ← 左の直角三角形の辺の関係をピタゴラスの定理で示した式

$$(a-b\cos\theta)^2+(b\sin\theta)^2=c^2$$

↑ xとhを書き換えた式

この式をほぐしていくんですが、$(a-b\cos\theta)^2$の展開については中学でやりました。$(p-q)^2$は$p^2-2pq+q^2$と展開できます。

ポイント！

$(p-q)^2=p^2-2pq+q^2$

$$(a-b\cos\theta)^2+(b\sin\theta)^2=c^2$$

$(p-q)^2$は
$p^2-2pq+q^2$と展開できる

$$a^2-2ab\cos\theta+b^2\cos^2\theta+b^2\sin^2\theta=c^2$$

ちなみに**三角関数の場合、流儀として$b^2\cos^2\theta$のように、指数は**sinとθの間に書きます。θのあとに書くと、「θ^2という角のsin」と読めてしまうので、やめましょう。

うーん……それはそれとして、$b\sin^2\theta$ではなく？

それだと意味が変わりますよね。たとえば$(3\times4)^2$って、$3^2\times4^2$じゃないですか。3×4^2ではない。

あ、そうか。bsin θを2回かけるんでしたね。

そうです。ただ、まだ式としてごちゃごちゃしているので、左辺の$b^2\cos^2\theta+b^2\sin^2\theta$という部分を$b^2$でくくってみましょう。

$$a^2-2ab\cos\theta+b^2\cos^2\theta+b^2\sin^2\theta$$
$$=c^2$$
$$a^2-2ab\cos\theta+b^2(\cos^2\theta+\sin^2\theta)$$
$$=c^2$$

さて♪　ここで、θがどんな値でも成り立つ三角比のすばらしい公式をお見せします。

三角比のすばらしい公式

$$\sin^2\theta+\cos^2\theta=1$$

（※θがどんな値でも成り立つ）

⇨余弦定理を導く③$\sin^2\theta+\cos^2\theta=1$の証明

この公式を使えば一気に余弦定理の公式まで持っていけるので、いまから$\sin^2\theta+\cos^2\theta=1$を一瞬で証明します。

直角三角形の三角比の話を思い出してもらうと、$\sin\theta=\frac{b}{c}$で、$\cos\theta=\frac{a}{c}$でしたよね。このa、b、cは207ページのものではなく、192ページのものです。

はい。

$\sin\theta$と$\cos\theta$をそれぞれ2乗したものは何かと言うと、$\frac{b^2}{c^2}$と$\frac{a^2}{c^2}$です。**分数を2乗するときは分子と分母をそれぞれ2乗すればいい**ので。すると$\sin^2\theta+\cos^2\theta$という式は分母が同じなので$\frac{a^2+b^2}{c^2}$に変換できます。

$$\sin^2\theta + \cos^2\theta$$

$\sin\theta=\frac{b}{c}$の2乗だから…　$\cos\theta=\frac{a}{c}$の2乗だから…

$$= \frac{b^2}{c^2} + \frac{a^2}{c^2}$$

$$= \frac{a^2+b^2}{c^2}$$

さて、ここで中学数学の復習です！　ピタゴラスの定理ってな〜んだ？

フフフ……$a^2+b^2=c^2$です（ドヤ！！）。

正解！　ということは$\frac{a^2+b^2}{c^2}$の分子はc^2に変換できるので、$\frac{c^2}{c^2}$。分子と分母が同じなので1。よって$\sin^2\theta+\cos^2\theta=1$という公式が成り立つんです。

a、b、cが消えたので、どんなθでも一般に成り立つことがわかります。

$$\sin^2\theta + \cos^2\theta = \frac{a^2+b^2}{c^2}$$

$$= \frac{c^2}{c^2}$$

$$= 1$$

ピタゴラスの定理
$a^2+b^2=c^2$

➪余弦定理を導く④完成させる

では話を余弦定理に戻しましょう。

$a^2 - 2ab\cos\theta + b^2(\cos^2\theta + \sin^2\theta) = c^2$という式までいきました。ここで（$\cos^2\theta + \sin^2\theta$）にいま証明したすばらしい公式をあてはめると……。

あ、1か。

そう。すると式が一気にスッキリするでしょう？　で……、

$$a^2 - 2ab\cos\theta + b^2\underbrace{(\cos^2\theta + \sin^2\theta)}_{1} = c^2$$

$$\boxed{a^2 - 2ab\cos\theta + b^2 = c^2}$$

余弦定理

ジャジャジャジャジャーン！　これが余弦定理です！！これで、どんな三角形でも2つの辺の長さa、bとその辺がはさむ角θがわかると、残りの辺cが計算できます。

これがこうなって……なるほど！　途中、ヤバかったですが、ギリギリ追いつけました……（汗）。あぶね〜。

一気に駆け抜けましたからね（笑）。
ただし、三角比のθと違って余弦定理で出てくるθは、右下のaとbにはさまれた角のことです。ここだけは注意してください。

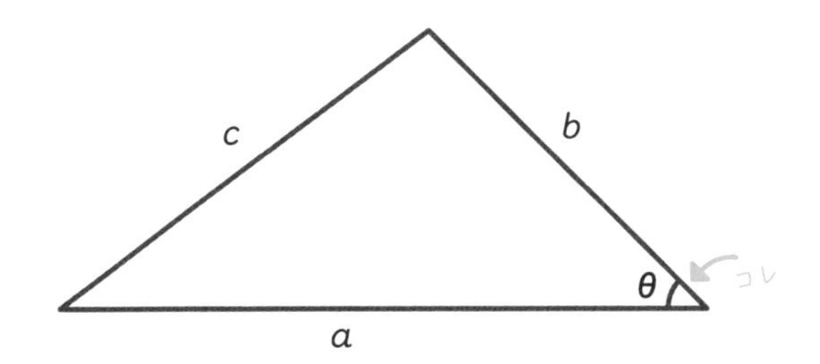

➪余弦定理とピタゴラスの定理の関係

右下ですか？

位置というよりも、***a***、***b*** 2つの辺で挟んでいる角がθ、と覚えてください。余弦定理はピタゴラスの定理を内包していると言いましたが、ピタゴラスの定理が前提としている直角三角形って余弦定理の式で言うとθが90°なんですね。

ああ、右下の角が直角だから？

そうです。ではcos90°って何かと言うと、0なんです。

え？

なぜならそんな三角形はないから（キッパリ）。

ここで一瞬余弦定理を忘れて、先ほどの直角三角形の三角比を思い出してもらうと、cos θとは「$\frac{a}{c}$」のことで、θは左下の内角のことでしたね？　そして右下には直角がくる。cos90°ということは左下と右下の角がいずれも90°ということだから、そんな三角形はありません。永遠に辺cと辺bが交わらない。

あ、なるほど。

cos89°ならありうるんですよ。いびつな三角形だけど、いつかは交わる。

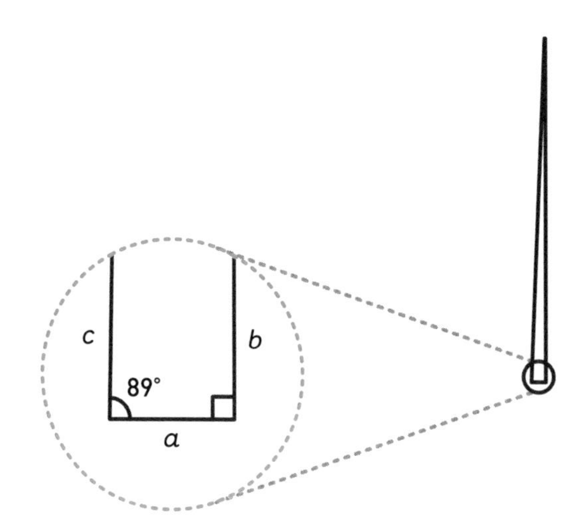

ただし、その場合も分母の辺cが分子の辺aと比べてめちゃくちゃ長くなるということですから、cos89°ってものすごく小さい値になるんです。実際に計算すると0.017くらい。これが90°になると、0になるということです。

ナルホド〜。図で見せられるとわかりやすい！

で、こうやって直角三角形のときは$\cos\theta$が0になるから、余弦定理の$-2ab\cos\theta$という真ん中のごちゃごちゃしたのが消える。最後に残るのは$a^2+b^2=c^2$。まさにピタゴラスの定理なんです。

おおぉ！　ピタッとした形に！
ピタゴラスの定理の証明のときも思いましたけど、幾何の公式ってなんか……キレイですよね。

本当に芸術レベル……♪（うっとり）

これが文系数学の幾何の最高峰です。$\cos\theta$の値は関数電卓で計算できちゃうから、どんな三角形でも２辺の長さとその辺がはさむ角がわかっていれば、残りの辺の長さがパパッと計算できてしまうんです。ね、感動モノでしょ？

なるほどな～。
この「ピタッと決まる！」感じがクセになるわけですね。たしかに、気持ちいいッス♪

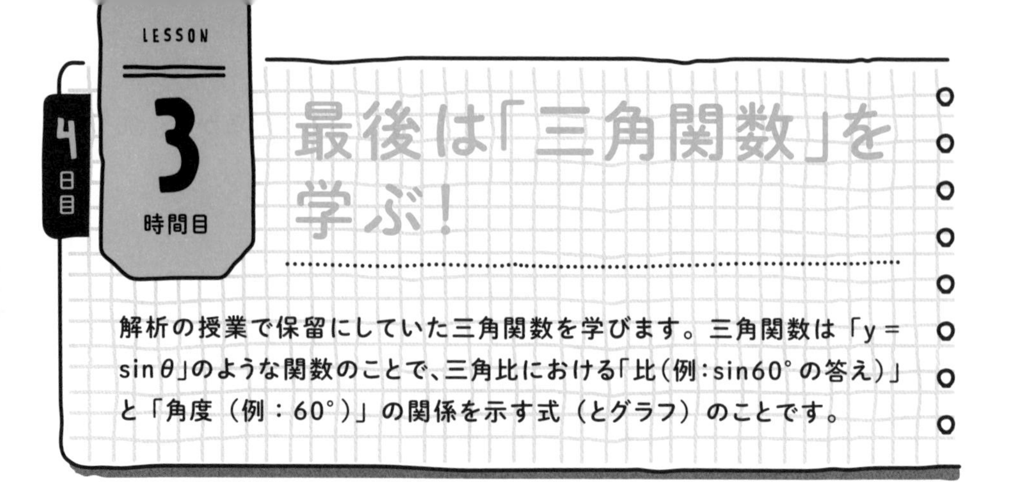

最後は「三角関数」を学ぶ！

解析の授業で保留にしていた三角関数を学びます。三角関数は「y＝sin θ」のような関数のことで、三角比における「比（例：sin60°の答え）」と「角度（例：60°）」の関係を示す式（とグラフ）のことです。

⇨三角関数はθとyの関係をグラフ化するだけ

で、いまのでとりあえず幾何が終わりです。あとは三角関数が残っていましたね。

すっかり忘れてました。

三角関数は解析の領域ですからyとxの関係性がつかめたらクリア。

三角関数の場合、yとθの関係になります。たとえばsin θなら、θの値が変わるとsin θの値がどう変わるのかをグラフで表してみればいいのです。でもそれって三角比の授業ですでに学んだことじゃないですか。

じゃあ実際に描きましょう。まずはsin θから。横軸をθ、縦軸yをsin θとしましょう。

さて、θが0°のときのsin θがどんな値になるか想像つきますか？

全然。

じゃあ、sin1°はどうですか？

左下のθが1°ということは……辺***c***と辺***a***がほぼ重なっていて、右にチョコンと辺***b***がある。

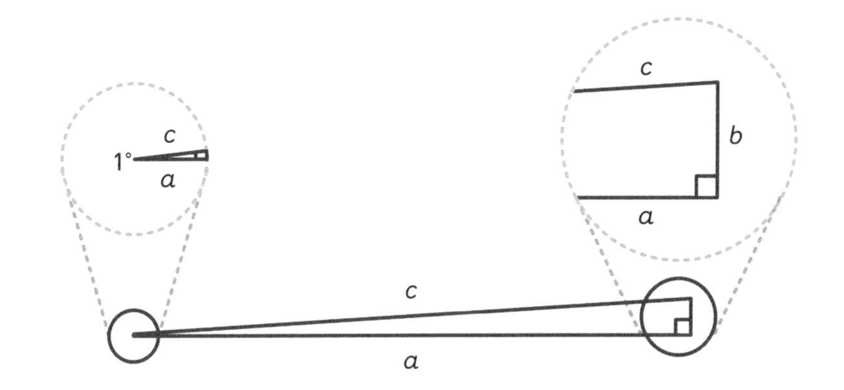

そうです。ということは？

……分母の辺***c***が大きくて、分子の辺***b***が小さくなるから……。あ、ほぼゼロか。cos90°と一緒だ。

すばらしい！　だからsin θの三角関数は0から始まるんです。では逆にθが90°の場合、sin θはどうなるでしょう？　sin89°を考えてみるといいですよ。

θが89°だと縦の棒になる。そのときのsinだから、辺***c***と辺***b***。この2辺はほぼ同じ……。ということは1？

正解です！ sin0°は0で、sin90°は1。つまりグラフとしては右肩上がりになっていくということがなんとなく見えてきました。
でもそれだけだとグラフが直線的に伸びていくのか、カーブを描いて伸びていくのかわかりません。

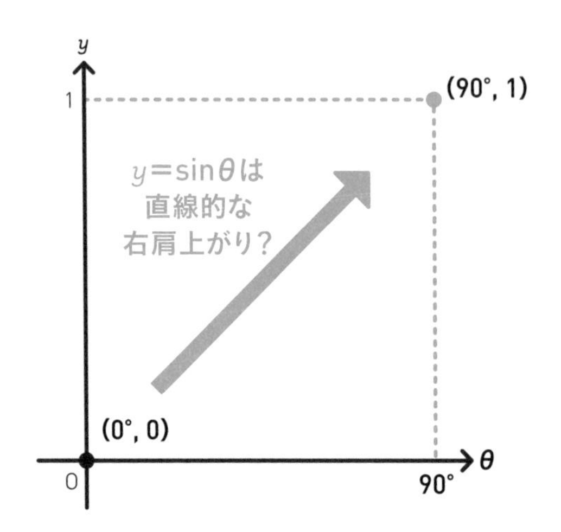

そういうときは、中間地点でいくつか実際に点を打ってみればいいんですね。ここで先ほど一覧で紹介した便利な三角比を思い出しましょう。θが30°と60°のときです。

sin30°は$\frac{1}{2}$なので0.5。sin60°は$\frac{\sqrt{3}}{2}$。$\sqrt{3}$は1.7320508（ヒトナミニオゴレヤ）ですから、計算すると0.865くらいです。これらの点を自然な感じで結んでいくと、カーブしますよね？　これが三角関数のグラフの特徴です。

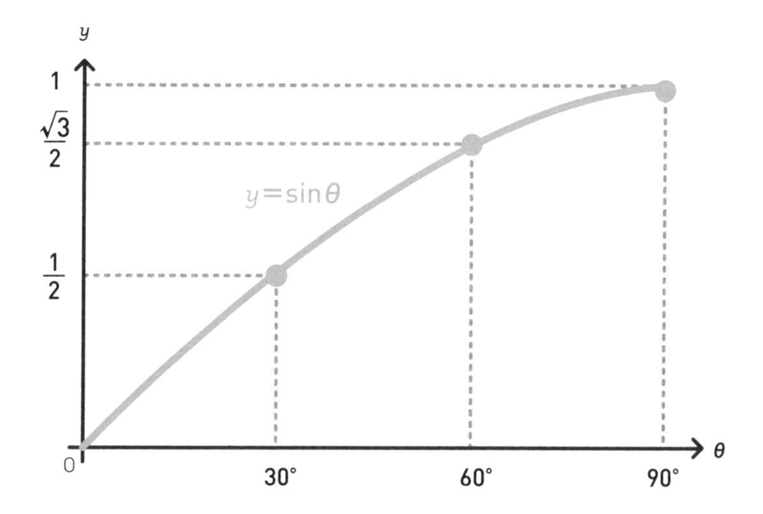

へーー。

あとはcos θのグラフですけど、やることは一緒です。sin θと違うのは、**cos θのグラフは1から始まって0になる**んです。cos0°は1、cos90°は0。そしてこちらもやはりカーブを描く。

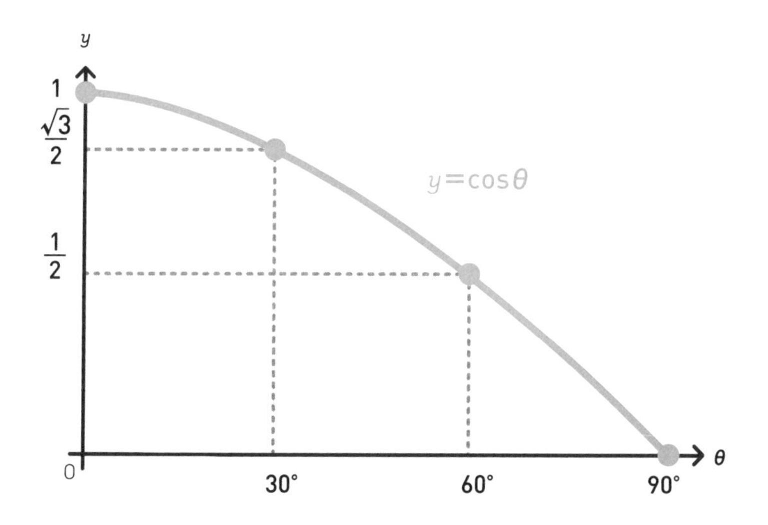

で、お気づきかもしれませんけど、$y = \sin\theta$ と $y = \cos\theta$ のグラフはキレイに $\theta = 45°$ の線（グラフのちょうど真ん中あたり）で折り返せる線対称の形になるんです。

本当だ。

実はこれ、すでに教えた公式からも想像できます。
$\sin^2\theta + \cos^2\theta = 1$ という公式がありましたね。これってつまり「$\sin\theta$ が増えた分だけ $\cos\theta$ が減るよ」と言っているのと同じなんです。足したら1なんだから。

ああ、そうか。

三角関数は波や周波数を扱うときに使われるもので、物理学者が最も使う関数なんです。

津波だって三角関数で計算できますし、前回の授業で音楽の話をしましたけど、440Hzという「ラ」の音も、学者の手にかかると三角関数で料理できてしまいます。

実際に物理で使うためには θ が $90°$ を超える場合も考えないといけませんが、文系数学だと $90°$ まで扱えれば十分です。

へぇーーー。三角関数って物理で使うんですね。

そう。文系の人にとって「サイン」「コサイン」ってただの呪文にしか聞こえないかもしれませんけど、**現代文明にとって非常に意味のある武器**。それを高校で習うことができるんです。

いやーーー、見事なまでに呪文化していました（笑）。でも、今回の授業で「意味」がよ〜くわかりました！

……ということで文系数学の授業はここまでで終わりです！
高校卒業おめでとうございます！！！

え、ウソ……？　高校（文系範囲）、全部終わり！？
いままでナゾの記号を見るだけでめまいがしていましたけど、今回の授業でめちゃくちゃクリアになりました……！！！
ありがとうございます！！！（感涙）

高校文系数学
卒業おめでとう!!
ありがとう
ございます〜

ここからは
「高校ちょっと理系数学」
が始まりますよ～♪
しっかり
ついてきて
くださいね、
西成
交通
文系ご一行様

5日目

〈特別授業①〉
幾何の最終兵器
「ベクトル」を
学ぼう!!

Nishinari LABO

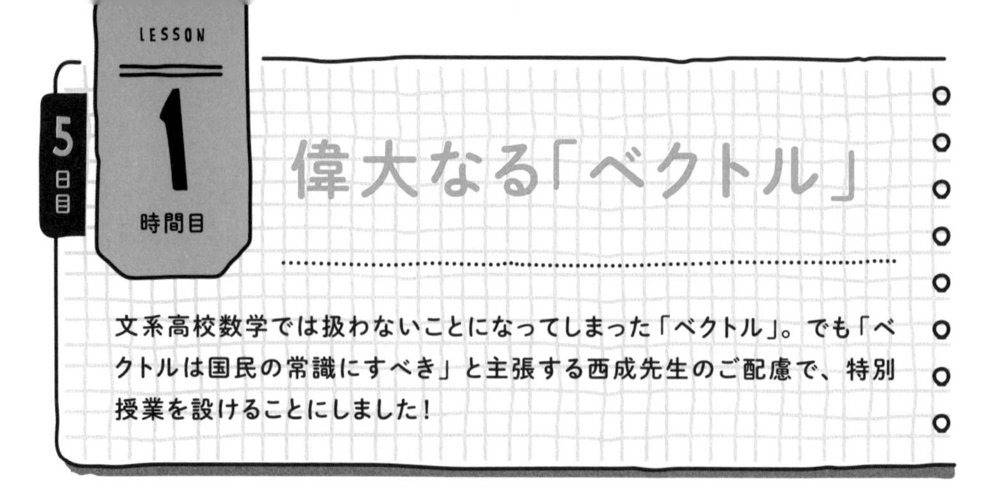

偉大なる「ベクトル」

文系高校数学では扱わないことになってしまった「ベクトル」。でも「ベクトルは国民の常識にすべき」と主張する西成先生のご配慮で、特別授業を設けることにしました！

⇨幾何の問題を代数で解く!?

いよいよ**幾何の究極の武器「ベクトル」**です。世の中の「動きのあるもの」を研究する物理学者であれば当たり前のように毎日使っている武器。英語だとvector。新手のエナジードリンクの名前みたいでしょ？（笑）

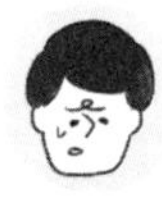

……ハイ。

声、小っちゃ！（笑）。とにかく、ちょっとやってみましょう。先に大きな話から言うと、いままで小中高で習ってきた「なんちゃらの定理」みたいな幾何のアイテムと、今回勉強するベクトルでは決定的に異なる点が1つあるんです。

異なる点……なんですか、ソレ？

数学には代数、解析、幾何の3大ジャンルがありますが、**ベクトルは、幾何の問題をいったん代数に置き換えて解く**ということです。

日本語でお願いします。

(笑)。「図形の問題を、二次方程式で解く」ってことです。

いままでやってきた幾何って、補助線を引いてみて、長さや角度がわからないところに片っ端からアルファベットを割り振って、「それっぽい式ができないかな？」「知っている定理を使えるところがないかな？」と試行錯誤しているうちに、気づいたら解けていたみたいな世界じゃないですか。

ヒラメキ勝負というか、補助線を引いたもの勝ち、みたいな印象はあります。

ですよね。ようは幾何の問題を幾何で解こうとしてきました。

でも、ベクトルという概念を使えばどんな図形でも代数の世界に持っていくことができるんです。

代数の世界に持っていくといいことがあるんですか？

代数にしてしまえば機械的にカチャカチャ解くだけ。補助線も不要。必要なのは式変形をミスらない集中力だけで、ヒラメキが不要になるんです！

ヒラメキのない私でも、数式でカチャカチャやってれば解ける……？

もちろん！ ヒラメキのない郷さんでもヨユーですよ♡

……あ、ありがとうございます。

私が初めてベクトルを勉強したのは高2のときでしたけど、**「超便利じゃん……。もっと早く教えろよ」**と思いましたよ、マジで。

そんなに便利なアイテムなのに、なんで早く教えないんですかね？

二次方程式や三角比の知識が必要だということと、一番は概念が目新しいので馴染みにくいからでしょうね。

私もベクトルがなんなのかよくわからないまま高校を卒業しちゃったなぁ。

でも本当に便利な道具なので**ベクトルは国民の常識にすべき**だと思うんです。新しい学習指導要領で文系数学から消えたのがいまだに信じられません。

ベクトルは
日本国民の常識
にしてもいいくらい
超便利！

➪余弦定理の証明は「たった数行」

ではベクトルを説明していくにあたって、まず今日の目標を決めましょう。幾何の授業のラスボスとして「余弦定理」を証明しましたよね。

$$c^2=a^2-2ab\cos\theta+b^2$$

この定理を証明するために前回は補助線を引いて、わからない値をhとかxにして、一生懸命、定理を導き出しました。
しかぁ〜し！　今回、あの余弦定理を、ベクトルを使って数行で証明します……！！！

ちょ、数行！？　なんのために、あの授業したんですかぁぁ！！！……と、いま読者の気持ちを代弁しています。

あ、もしやクレーム案件ですかねぇ（笑）。残念ながら、ベクトルは文系数学では扱わない分野になってしまいましたから……。でも、私のように数学を仕事で使うプロは図形を見たら全部ベクトルに置き直してささっと代数で計算して終わりなんです。それに、三角比はベクトルでも使うので、必要な知識ではありますよ。

なるほど……（ちょっとホッ）。
じゃ、じゃあ、最強魔法「ベクトル」で図形を倒しにいきましょう（西成先生が主体で）！

「ベクトル」の斬新すぎる概念を理解する

ベクトルで難しいのは計算方法ではなく、その斬新すぎる概念を理解することです。ここではベクトルがどう斬新なのか、「スカラー」と「テンソル」という別の概念同士の比較で解説しましょう。

ベクトルは2種類のデータを格納する「特殊な入れ物」

ベクトルは多くの文系の方にとって謎の存在ですよね。「何かの量を表す記号なんだろうな」ということがうっすらわかるくらい。

「ベクトルを合わせよう」みたいな言葉はたまに聞くので、「方向性」のことなのかなと勝手に解釈しているんですが。

大人でもだいたいそのレベルですよね〜。高校生だとまったくピンとこないハズ。

なぜピンとこないかと言うと、ベクトルの正体は「大きさ」と「向き」という「2つの異なるデータを格納できる入れ物」のことで、日常生活でそんな概念に触れる機会がないからです。

2つの異なるデータを格納……？
……ちょっと何言ってるかわからない。

(笑)。
ちょっと説明しましょうか。
私たちが人生で接してきたあらゆる数字って、いわば何かのものさしで測った大きさを表したものなんですね。長さ、重さ、温度、角度。方程式で使うxもそう。数値はわからないなりに、何かの大きさを記号で代わりに表したものです。

なじみ深い「スカラー」

このように私たちが慣れ親しんだ1、2などの数字や、それを代わりに表した文字のことを、数学的には「スカラー」と言います。これにはもちろん**大きさの情報しか含まれていません。**
たとえば「1万円貸して」と友だちに頼むときの「1万円」というお金の大きさ。これもスカラーです。

でも友だちからお金を借りるとなると、同時に「1万円も借りたら自分の社会的信用が下がるかもしれない」みたいなことを考えるじゃないですか。

そうですね。ベクトルの概念はそれに近いです。

「スカラー」が直感的に理解しやすいのは当たり前で、**人類はそもそもスカラーの発想しか持っていなかった**んですね。
その常識にチャレンジしたのがベクトルなんです。

図形の問題を効率的に解くために「大きさ」と「向き」という2つのスカラーを組み合わせて、1つの概念にしてしまった……。わかりますか？　この偉大さ。あんたってホントにすげえよ、ベクトル……！（熱弁）

ちょ……先生！　現世に戻ってきてください！

おっと……つい（照）。

➩データ時代の主役「テンソル」

さらに素敵な大人の教養としてマニアックなことをお伝えすると、**ベクトルの上位にテンソル（Tensor）という概念もある**んです。

……なんか強そう（笑）。

ノンノン！ **強いじゃなくて、最強！！！**

テンソルは何かと言うと、あるもののなかに、2つどころか無数のスカラーが格納されている超巨大な格納庫。情報量は膨大なんだけど、1つの概念として扱えるんです。

……そんな意味不明のもの、いったいだれが使うんですか。

いま流行りの機械学習でバリバリ使われています。 グーグルが提供している機械学習のプログラムの名称も「テンソルフロー」と言って、いろんな変数、つまりいろんなスカラーをテンソルに格納して、コンピューターに読み込ませるということなどをしています。

テンソルを習うのは理系の大学生が3、4年になったくらいなんですけど、かなりの率で脱落します。そこを見事に切り抜けて**テンソルをマスターすると、卒業後の高額報酬間違いなし。**

ただし、新たな境地に行ってしまうので合コンに誘われる回数は激減するかもしれません（笑）。

ええと……**情報の種類が1つだったらスカラー、2つだったらベクトル、3つ以上だったらテンソル**ということ……？

そうなんですが、実はテンソルはスカラーやベクトルも含みます。スカラーを「0階のテンソル」、ベクトルは「1階のテンソル」とも呼ぶのです。

だとしたら、「身長と体重の組み合わせを表す新しい量」みたいなものをどこかのお医者さんが考えたら、それはベクトルなんですか？

はい、概念としてはベクトルになります。
ただし、図形として表現するには、情報の種類として、1つは辺の「大きさ」、もう1つは辺の「向き」にあたるものにしたいですね。

ふ〜ん……そういうものなんですね。

高校でベクトルを教えるときにスカラーとかテンソルの説明ってほとんどの先生はしないと思うんだけど、ベクトルというまったく新しい概念を理解するには、何かと比較できたほうがわかりやすいじゃないですか。こんなふうに。

量の概念というのは
スカラーから始まって、
ベクトルが生まれ、
これをさらに一般化したものが
テンソルである。

そう言われると、わかりやすいっスね。

ベクトルだけじゃなく、数学のさまざまな概念に共通して言えることですけど、誰かが「こんなものがあったら便利だろう」というモチベーションで必死に考え、数学界に導入する。そのアイデアが従来の数学界のルールに矛盾しないもので、「これはたしかに便利だね」という賛同者が現れたら、そのアイデアは新しい数学のルールとして未来永劫残るんです。

なんか……数学って、思っていたよりもずっと自由なんだなぁ。

もうね、一定のルールにさえ則れば、スーパーフリーダムの国。この国には規制が入りませんから。
ほかの数学者を納得させることができれば、イノベーションはどんどん起こせる。

➡なぜベクトルが必要になったのか?

画期的なのはわかったんですけど、なんでわざわざ2つの情報を1つにしたんですかね？

一番大きな理由は**どんな図形も式だけで表したいから**です。つまり、**数学者の大好物である代数の世界に図形を引っ張りこみたい。**

数学者は、代数が大好物（笑）。

図形を「大きさ」と「向き」という個別のスカラーで扱っていては、1つの式で表現するのは難しいんですよ。一緒にする必要があった。

ああ、たしかに辺の長さや角度が全部わかっていても、そのままでは何か1つの式で表現できそうもないですね。

しかもベクトルがすごいのは、**ベクトル同士の計算方法がちゃんと確立している**こと。**ベクトル独自の計算方法のことを「ベクトル代数」**と言います。

へぇ、公式があるということですか？

あるんです。それね、高校の理系コースで習うんですよ。
フフフ……**ま、いまからやりますけどね！**

腹をくくります！ だけど、簡単にお願いしますぅぅ……（涙）。

大丈夫です！ **ベクトルって、実は超シンプル！**
どんな図形でも式に置き換えて表現できる上に、ベクトル代数を使ってカチャカチャ問題が解けるんです。

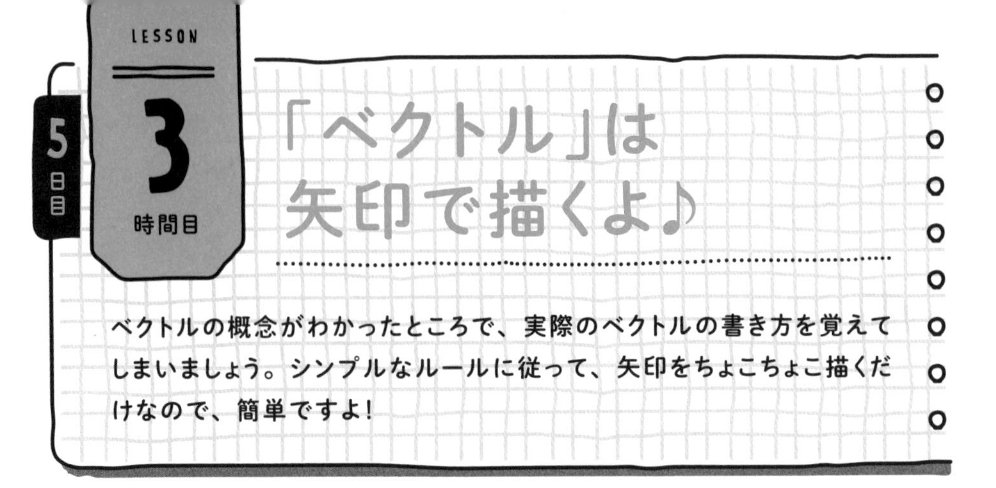

「ベクトル」は矢印で描くよ♪

ベクトルの概念がわかったところで、実際のベクトルの書き方を覚えてしまいましょう。シンプルなルールに従って、矢印をちょこちょこ描くだけなので、簡単ですよ！

ベクトルの描き方には流儀がある

実際にベクトルをどう描くかなんですけど、日本の高校の教科書ではこうやって習います。

辺aなら小文字でaと書いて、その上に右向きの矢印を描くんです。もしaだけ書いたら辺の長さを表す、ただのスカラー。そこに矢印を足したら、向きの情報も含むベクトルだと。

あーー、なんか見たことがあるような、ないような。

ちなみにベクトルの描き方はいろいろあります。**研究者で多いのは、aとかbの文字にこうやって縦線を一本足して「ちょっと太字っぽいでしょ」と微妙にアピールする変わっ**

た文字を使います。この場合、上の矢印はつけません。大学の教科書レベルだと、ただの文字なんだけどフォントをボールドにしていたりします。

高校	研究者	大学
$\vec{a}, \vec{b}, \vec{c}$	$\mathbb{a}, \mathbb{b}, \mathbb{c}$	$\boldsymbol{a}, \boldsymbol{b}, \boldsymbol{c}$ （ボールド）

真ん中は、確実に人生で初めて見ました。

習いたての学生だと縦線の位置が微妙に違っていたりして、ちょっとカワイイ♡

テンソルの描き方

ちなみにテンソルはどう描くんですか？

テンソルは「添字」というものを使います。テンソルを意味する記号を描いて、格納する情報に応じて右上と右下に好きなだけ文字を書いていいんです。数学的には「上付き」「下付き」の添字と言います。

小文字のアルファベットを使うことが多いんですけど、たとえば**アインシュタインの相対性理論**に出てくる重要な量を、テンソルを使って表現するとこうなります。

$$\Gamma^{k}_{lm}$$

もはや、読めない……。

「ガンマの**k**、**lm**」などと呼びます。さすがに相対性理論の説明は割愛しますけど、たとえばこの式では上付きの**k**と下付きの**l**、**m**があり、3階のテンソルです。この3つの添字それぞれが4つの量を格納できるので、このテンソルには$4^3=64$個のスカラーが入ります。

64次元！

テンソルって情報圧縮量がハンパじゃないんです。1つの記号のなかに宇宙が全部入るくらいの圧縮量。どんな天才でも、テンソル記号を見ると10秒間は息をしません（笑）。

あぁ、添字が多いと、記号が何を意味するのか理解するだけで時間がかかるということですね。

そうなんです。

⇨ベクトルを図で描いてみる

ベクトルを実際に図で描いてみましょう。たとえば$\vec{a}$としましょうか。ベクトルを図で表すときは、こうやって

矢印として表現します。

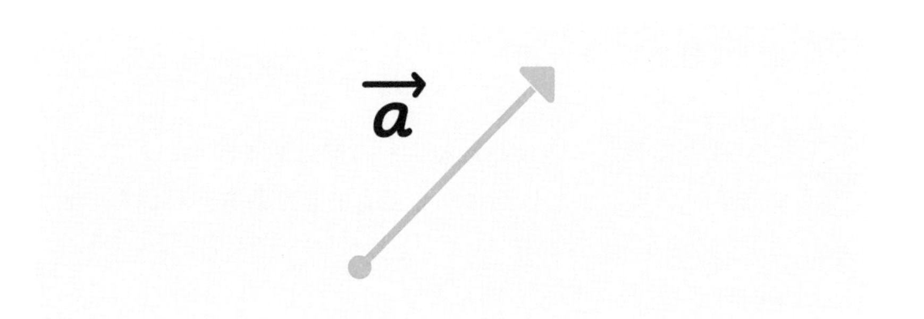

ポイントは矢印の始まりと終わり。数学的には始点と終点と言いますけど、矢印は必ず始点から始まって終点で終わります。

矢印が反対向きだと意味が変わっちゃうんですか？

それだと真逆のベクトルになってしまうんです。

図にするときのコツは、始点側をグリグリと丸にして、終点の方に矢印を描きます。そして矢印の長さがベクトルの「大きさ」を表します。こうして「方向」と「大きさ」を同時に表します。

これがベクトルの描き方の基本。

なんというか……シンプルすぎて逆に違和感を覚えるというか……。

たしかにいままでの知識だとこのような図自体を描くこともないですからね。

ということもあるんですけど……**この図で方向を表す角度ってわかるんですか？**　素人考えだと、どこかに何度って書かないと気持ちが悪いんですけど。

いいことに気がつきましたね！　方向は基準がないと定まりませんから、実は$\vec{a}$だけ図で示してもあまり意味がないんです。**ベクトルで方向をちゃんと表すためにはもう1つのベクトルが必要**なんです。

やっぱり。

では先ほどの絵に$\vec{b}$を足しましょう。

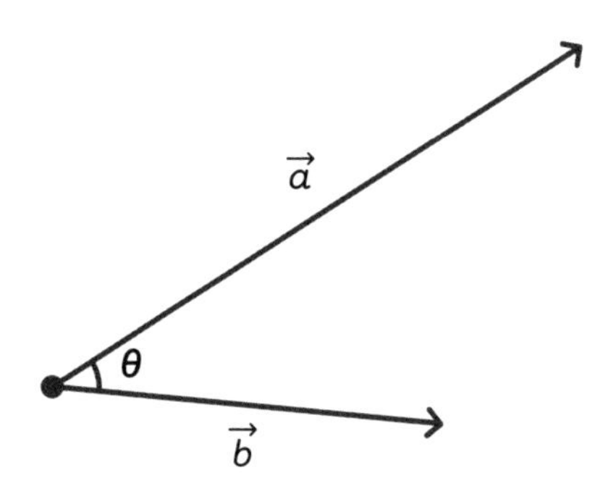

こんな感じに同じ始点から$\vec{a}$と$\vec{b}$が伸びているとしたら、2つのベクトルの「なす角」がわかります。

ナスカク？？？

2つの直線が交わったところにできる角度のことです。たとえば、$\vec{b}$が基準となることで、「$\vec{a}$は$\vec{b}$から何度傾いてますよ」ということがはじめて言えるわけです。

はい。

ちなみにベクトルでは「なす角」のことを、三角比でも使った角度を表す変数θ（シータ）を用いて示すことが多いです。で、ここがちょっとややこしいんですけど、**ベクトルで出てくるθは反時計回りで考えるんです。**

ん？

たとえばこの図だと$\vec{a}$は$\vec{b}$より「正の角度にある」と表現できます。もしθが30度だったら「プラス30度」みたいに言うんです。

あ、時計回りになるとマイナスになるんですね。

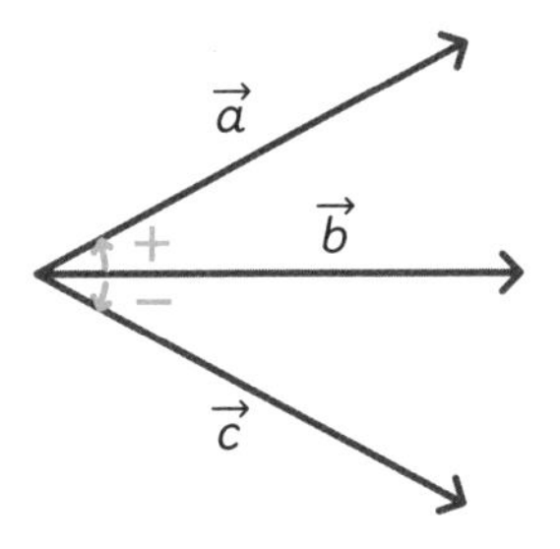

$\vec{a}$ は $\vec{b}$ より正の角度にある

$\vec{c}$ は $\vec{b}$ より負の角度にある

はい。**反対だったら「負の角度」で、「マイナス30度」と表現します。**

抵抗してもしょうがない気がするので、受け入れます。

ありがとうございます（笑）。

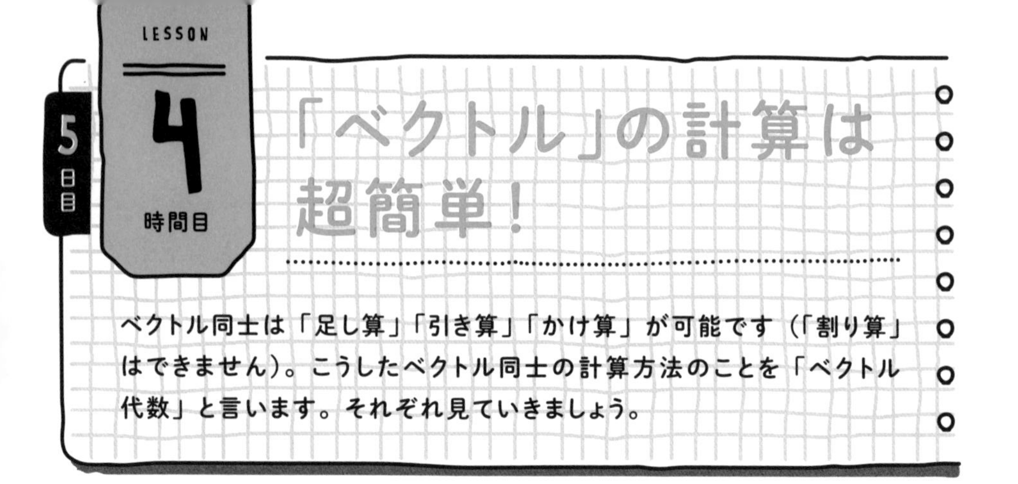

「ベクトル」の計算は超簡単！

ベクトル同士は「足し算」「引き算」「かけ算」が可能です（「割り算」はできません）。こうしたベクトル同士の計算方法のことを「ベクトル代数」と言います。それぞれ見ていきましょう。

ベクトルの足し算をやってみよう

さて、これらを踏まえて、いよいよベクトル同士の計算をしてみましょう。まずは足し算からです。

$$\vec{a} + \vec{b}$$

これをどう計算するか。**図形で考えると非常にわかりやすい**んです。

まず2つのベクトルを使って平行四辺形を描いてみます。次に $\vec{a}$ と $\vec{b}$ の共通の始点から、平行四辺形の対角線を1本描きます。実はこの対角線が、ベクトル同士の足し算の答えになります。

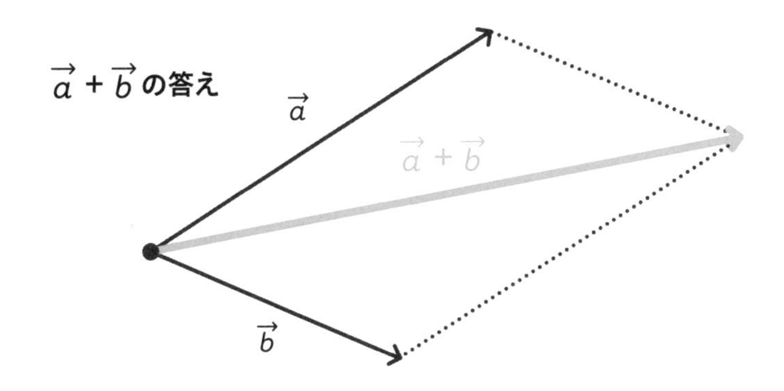

なんでそうなるんですか？

ここでは「なんで？」と考えるより、「ベクトルを考えた人がそうやって足し算を定義したんだな」と考えたほうがいいです。

だってベクトルの足し算なんて完全なる抽象の世界ですから。最初は誰かの思いつきだったかもしれないけど、数学の世界にその定義を導入してみたら矛盾が起きなかったために、そのまま定着したんです。

何世代にもわたって世界中の数学者の厳しいチェックをくぐり抜けて残っている定義なんだから「素直に信用せい！」という話？

そういうことです。
足し算なんですが、平行四辺形を使わなくても表現できます。どうするかと言うと、$\vec{a}$の終点に、$\vec{b}$の始点がくるように、$\vec{b}$をスライドさせるんです。ようは矢印をつなげる。文字通り、足す。その上で最初の矢印の始点と最後の矢印の終点をダイレクトに結んだ矢印。これが足し算の結果になります。

……でも、ベクトルを移動したら$\vec{b}$は別のベクトルにならないですか？

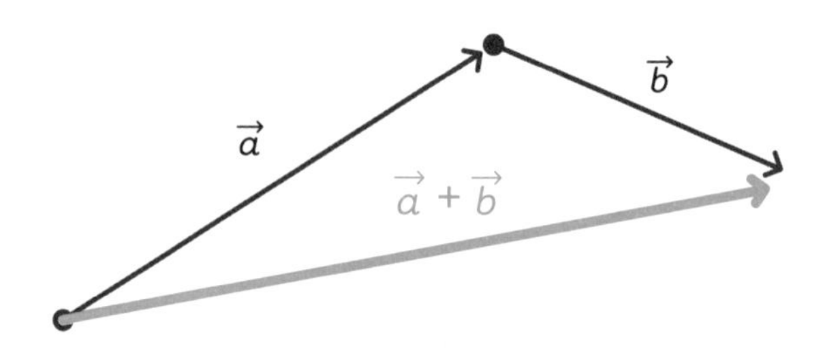

ちょっと思い出して欲しいんですけど、ベクトルが含んでいる情報は「大きさ」と「向き」だけです。ベクトルに「始点の位置」、つまり座標軸の情報はないんです。だから、いくらでも平行移動できます。

ここはベクトルを扱う上でかなり重要な性質です。座標上のどこに描こうと「大きさ」と「向き」が変わらない。

平行移動？　あ、たしかにスライドしているだけですね。

そうです。逆に、**始点は同じだけど、基準となるベクトルに対して1°でも角度が変わったら、それは別のベクトルになってしまいます。**

なるほど。

ベクトルの足し算はベクトルが何個あっても同じで、$\vec{a}$、$\vec{b}$、$\vec{c}$、$\vec{d}$の4つのベクトルを足し算するときも、$\vec{a}$の終点に$\vec{b}$をつなげて、$\vec{b}$の終点に$\vec{c}$をつなげてと、どんどん連結させていく。するとグネグネした矢印ができるわけですが、$\vec{a}$の始点と$\vec{d}$

の終点をつないだ矢印を描くと、これが4つのベクトルの和になります。和も当然、ベクトルです。

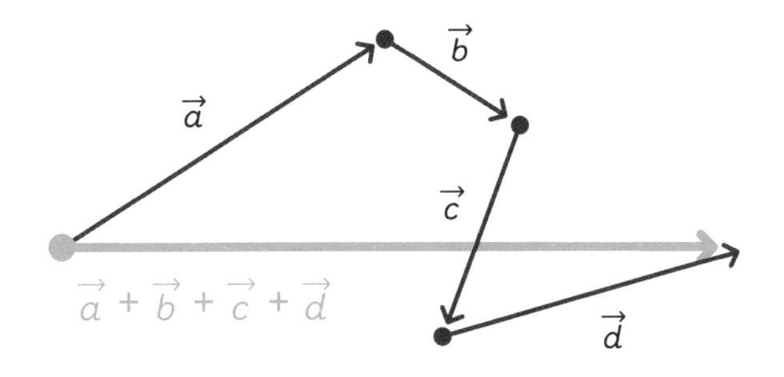

これって……たとえば$\vec{a}$の後ろに$\vec{c}$をつなげてもいいんですか？

全然OK。$\vec{a}$、$\vec{c}$、$\vec{b}$、$\vec{d}$という順番でつなげても、最終的にできる和のベクトルは同じになります。

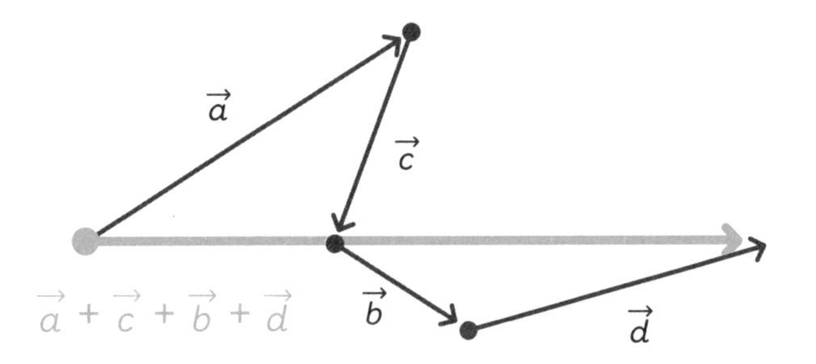

あと、次ページの図のように$\vec{a}$から$\vec{b}$をたどるルートと、$\vec{c}$から$\vec{d}$をたどるルートの2つあって、明らかに前者のほうが遠回りであっても、ベクトルの和だけを見ると実は同じというケースもあります。

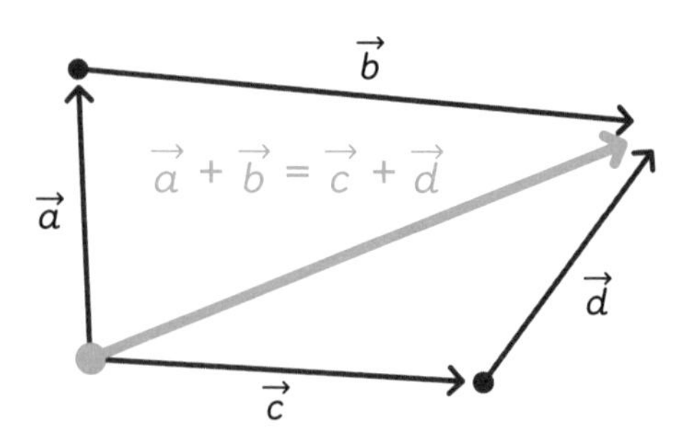

なんか**パズルみたいで面白い。**

ベクトルって別名、矢印の数学ですから非常にパズルっぽいんです。

ということでベクトルの足し算は終わり。ちなみにベクトル同士をつなげることを**「ベクトル合成」**と言います。やっていることはただの連結作業にすぎません。

娘もよく電車のおもちゃで「れんけつ、れんけつ〜♪」って歌いながら遊んでいるので、帰ったら「ベクトル、ごうせい〜♪」って歌、教えてみます。**早期教育！**

「どんな親よ？」って、保育園の先生、驚くでしょうね（笑）。

ベクトルの引き算もやってみよう

次は引き算です。$\vec{a}$に対して$-\vec{a}$というものがあるとします。

このマイナスは何を意味するかと言うと、矢印の向きを逆にしたもの。先ほど「矢印の向きが変わると真逆になる」って言いましたけど、正しくはプラスとマイナスが反転してしまうんです。

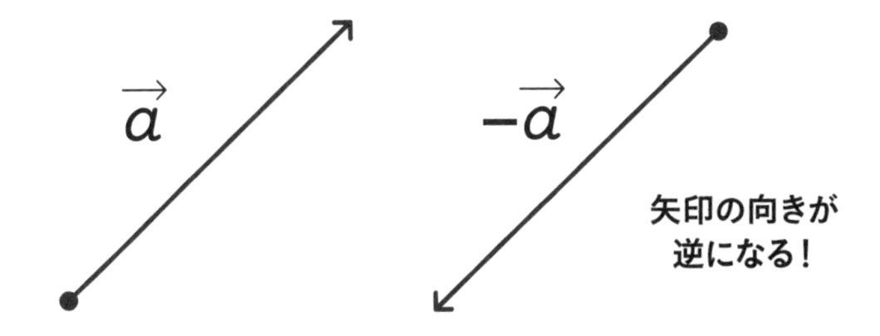

へーー。

大きさは一緒。描く線の角度も一緒。ただし始点と終点が入れ替わっている。これをマイナスベクトルと言います。

ふんふん。

マイナスベクトルの定義がいまのようなものだとすると、

$\vec{a} - \vec{b}$

はどう考えればいいか。おそらく一番わかりやすいのが足し算で考えることです。

引き算なのに？

つまり$\vec{a}+(-\vec{b})$と代数的に考えるということです。

もし$\vec{a}$から$\vec{b}$を引きたいなら、$\vec{b}$をマイナスベクトルに変換してから、ベクトル合成をすればいい。

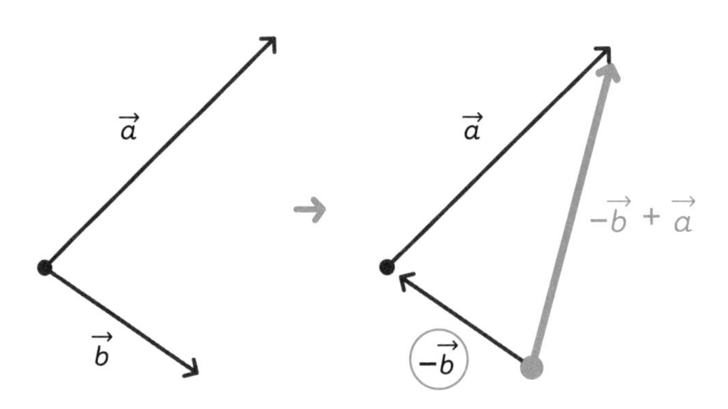

$\vec{a}$
$\vec{b}$
$\vec{a}$
$-\vec{b}+\vec{a}$
$-\vec{b}$
$\vec{a}$ から $\vec{b}$ を引きたい…
マイナスにして足せばOK！

へーーー。ますますパズル臭が強くなってきた。

ですよね。だんだん頭の体操になってくるんですけど、結局は「どこが始点で、どこが終点になるか」に着目していれば、難しくはないんです。

合成するときも矢印を道に見立てて、トコトコ歩いていくイメージができれば大丈夫。小学生でもできます。

ベクトルを分解してみよう

ちなみにベクトルって分解もできるんですよ。**ベクトル同士の割り算はできないんですけど、1つのベクトルを複数に分けることができます。**

イメージが湧きません……。

これも図で描いたら一発で理解できると思いますけど、たとえばこの$\vec{a}$は、$\vec{b}$と$\vec{c}$の和である、というふうに表現できるんです。この$\vec{b}$や$\vec{c}$は、ちゃんと$\vec{b}+\vec{c}=\vec{a}$となっていれば、どのように選んでも構いません。

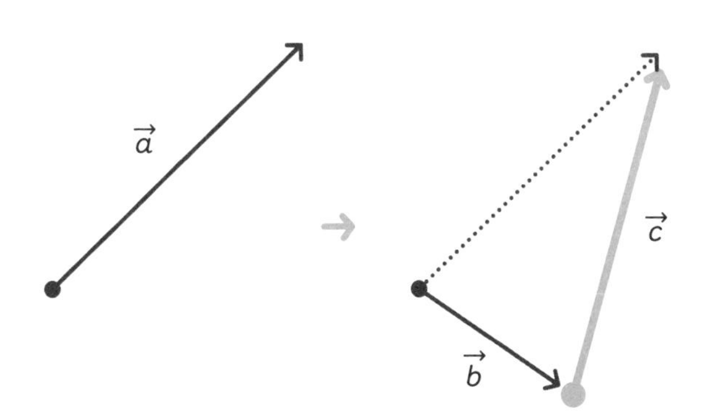

「これをベクトルの分解と呼びます」と誰かが言ったんですね。

さすが一番弟子！　飲み込みが早くなってきましたね（笑）。先ほどやった合成とは逆のことをしているだけなんですけど、それを分解と言います。教科書だといきなり「ベクトルの合成・分解」という単元があって、みんなパニックになるんですけど別に難しくありません。

ベクトルのかけ算に挑戦しよう

これで足し算と引き算と分解をカバーしたわけですが、いままでは柔軟体操みたいなもの。ここから集中力をグッと上げて、ベクトル同士のかけ算をやります。これを「内積（ないせき）」と言います。

急に難しくなるんですか？

ちょっとだけ。改めてベクトルの足し算と引き算を振り返ると、矢印の向きのことしか考えていませんでした。「大きさ」って全然考えていなかったですよね。

あ、そう言われてみるとそうですね。

でもかけ算になるとそうはいきません。$\vec{a}$と$\vec{b}$をかけるとはいったい何事か。それがわかったら高校のベクトルは終わりです。

まず、ベクトル同士のかけ算の書き方が特殊で、記号「・（ドット）」を使います。「$\vec{a} \times \vec{b}$」みたいに「×」を書いたり、「$\vec{a}\,\vec{b}$」みたいに省略してはいけません。

そこも誰かの思いつきですか？　ちょっと面倒くさくなってきました。

実はベクトル同士のかけ算で「×」と書くと、大学で習う「外積（がいせき）」という別の意味になってしまうんですよ。いきなり難易度が3段階くらい上がる感じです。

外積と内積は違うんですね。そういえば「内積」って言葉、うっすら記憶があるな……。

ベクトル同士のかけ算である「内積」の話に今回は専念します。

ここがポイント！〈内積〉

高校で習うベクトル同士のかけ算は内積と言い、「・」で表記する。

はい。

ここで新しい記号を導入します。ベクトル表記の両脇に縦線を書いたもの。これは絶対値記号と言って、常にベクトルの「大きさ」を教えてくれる魔法の記号です。

$$|\vec{a}| = 3$$

平均の話で出てきましたね。

そう。この絶対値の記号によって、方向という情報を消して、大きさだけを取り出せるんです。

現実的な大きさを表すスカラーになるということですか。

すばらしい！　抽象的な関係性を表すベクトルをスカラー化する（現実の世界に戻す）のが絶対値の記号なんです。

もし$|\vec{a}|$が3で$|\vec{b}|$が2だったら、単純に考えるとこれらをかけ算すれば3×2で6になって欲しいじゃないですか。

そこである人はこう考えました。「もし2つのベクトルの向きが同じであれば、単純にかけ算をすればいいじゃないか」と。だから答えとしては$\vec{a}$と$\vec{b}$をかけると、6というスカラーになる。

$|\vec{a}| = 3$ と $|\vec{b}| = 2$

$$\vec{a} \cdot \vec{b} = 3 \times 2 = 6$$

これはわかりやすいですね。

でしょう。だからこれはすんなり決め事として採用されたんです。でも$\vec{a}$と$\vec{b}$の向きが少しでも違うとそんな単純な話ではなさそうですよね。

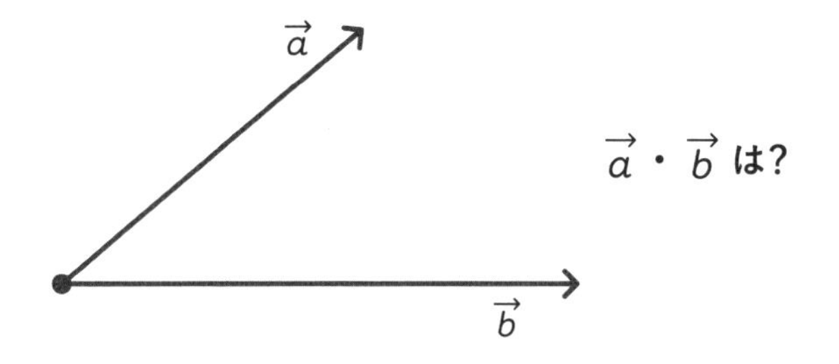

ここで昔の頭のいい人が着目したのが「分解」だったんです。ベクトルの分解の仕方って無限にあるわけですけど、一番シンプルな形は下の図のように$\vec{b}$を基準にして、$\vec{a}$を$\vec{p}$と$\vec{q}$に分解すること。

分解の仕方もできるだけシンプルにしたいので、$\vec{p}$は$\vec{b}$と同じ向きにする。そして$\vec{q}$は、$\vec{b}$や$\vec{p}$と直角に交わるようにします。**ちなみに、直角に交わることを「直交する」と言います。**

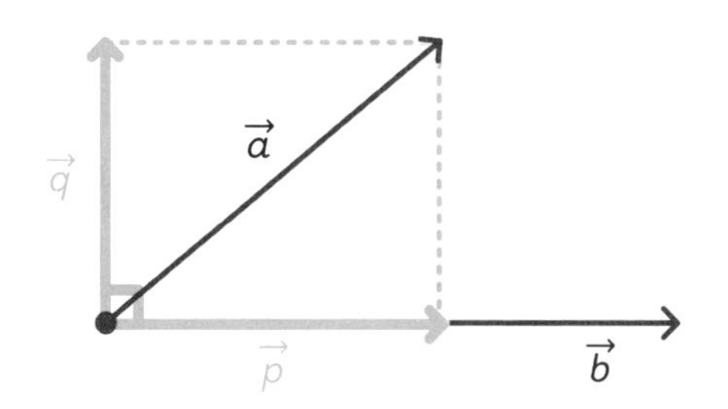

営業の人なんかがする「直行」じゃなく、「直交」ですか。はじめて聞きました。

ここで内積の独特な決め事が出てきます。**「直交するベクトルの内積はゼロ」**と、昔の人が決めたんです。

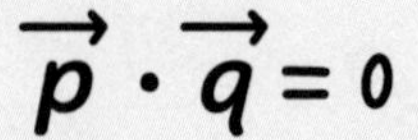

$$\vec{p}\cdot\vec{q}=0$$

直交するベクトルの内積は0！

ちょ、ちょっと待ってください。

いままでの私ならここで「じゃあいまから証明しますね」と言っていたんですけど、この決め事は証明するようなものではなく、「たまたまそんなルールにしたら、矛盾が起きなかった」という類のものなんです。「どうしてこう決めたの」という問いはよくありますが、別に違う方法で決めても、矛盾しなければもちろん構いません。しかしこの方法だとすべてと整合するので、都合がいいんですよ。

そこまで予防線を張られると突っ込めないッス（笑）。

ちなみにベクトルを習うとクラスメイトの間で「君と僕は直交しているね」みたいな会話が出てくるのが理系あるある。「絶望的に馬が合わない」という意味です。

ゼロですからね（笑）。

ということで、いま内積の決め事を2つ説明しました。

1つは「同じ向きのベクトルならベクトルをスカラーにして、かけ算すればいい」。もう1つは「直交するベクトルの内積は必ずゼロになる」ということです。
それをふまえて、$\vec{a}$と$\vec{b}$のかけ算を整理すると、以下のようになります。

$$\vec{a}\cdot\vec{b}=(\vec{p}+\vec{q})\cdot\vec{b}$$

$\vec{a}$を分解したもの

$$=\vec{p}\cdot\vec{b}+\vec{q}\cdot\vec{b}$$

同じ向き　直交（0になる）

$$=|\vec{p}|\,|\vec{b}|$$

最終的に残るのは、$|\vec{p}|$と$|\vec{b}|$のかけ算なんです。でも$|\vec{p}|$がわからないですよね。

仮で$\vec{p}$にしただけですからね。

そこで三角比の授業を思い出してください。$\vec{a}$、$\vec{p}$、$\vec{q}$の3つのベクトルだけに注目すると、直角三角形になっていますよね。

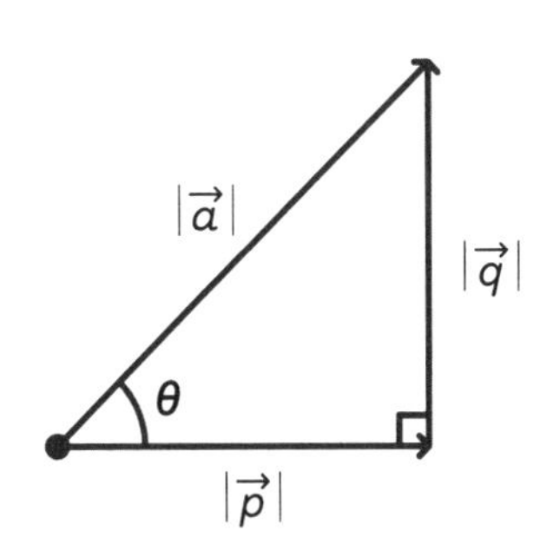

はい。

もし$\vec{a}$と$\vec{p}$のなす角をθとすると、$\vec{p}$の大きさが$\vec{a}$とθで表せるんです。

ここで使う三角比はどれか覚えていますか？

斜めの辺を書いてから底辺を書くのは英語の**c**だから……cos ！

ご名答！　先に書く方が分母にくるので、「$\vec{a}$の大きさ分の$\vec{p}$の大きさ」。これがcos θです。大きさだけを見たいので絶対値の記号を使って式で書くと、こうなります。

$$\frac{|\vec{p}|}{|\vec{a}|} = \cos\theta$$

いまは$|\vec{p}|$の値を知りたいので、両辺に$|\vec{a}|$をかけましょう。

$$\frac{|\vec{p}|}{|\vec{a}|} = \cos\theta$$

$$|\vec{p}| = |\vec{a}|\cos\theta$$

この式を先ほどの$|\vec{p}||\vec{b}|$に代入すると……、

$$\vec{a}\cdot\vec{b}=|\vec{p}|\,|\vec{b}|$$

↓ $|\vec{a}|\cos\theta$に置き換える

$$=|\vec{a}|\,|\vec{b}|\cos\theta$$

$$\boxed{\vec{a}\cdot\vec{b}=ab\cos\theta}$$

これが$\vec{a}$と$\vec{b}$の内積の定義です。すっきりしますよね。

あれ？　でも絶対値の記号が消えた。

あ、小文字のaだけ書いても大きさを表すスカラーなので、これでOK。つまり、$|\vec{a}|=a$、$|\vec{b}|=b$と表します。これから、abはただのかけ算だから$ab=ba$。
だから$\vec{a}\cdot\vec{b}=\vec{b}\cdot\vec{a}$となることもわかります。
以上がベクトル同士の内積でした。

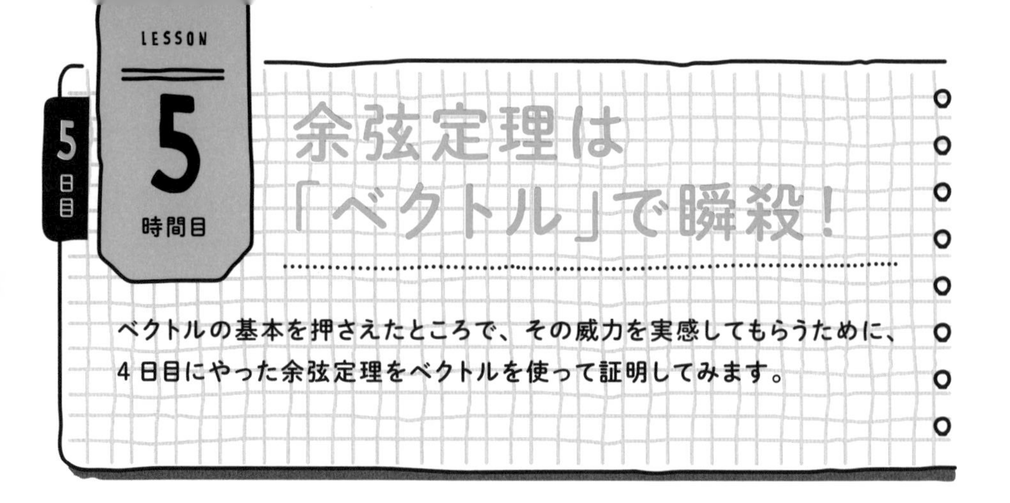

余弦定理は「ベクトル」で瞬殺！

ベクトルの基本を押さえたところで、その威力を実感してもらうために、4日目にやった余弦定理をベクトルを使って証明してみます。

ベクトルを使って余弦定理を一瞬で導く！

最後に、今日の目標である余弦定理を**一瞬**で終わらせます。

そういえば先生。授業の冒頭でベクトルは幾何の問題を代数で扱えるようにする「魔法の武器」だとおっしゃっていましたけど、いまのところ「パズルゲームの延長」という感じで、そんな実感が湧かないんですが。

フフフ……。**いまから実感してもらいます。**
ベクトルの概念をつかむにはパズル的な感覚が必要なんですけど、今日覚えたことを使えばどんな図形も式として扱えるようになります。

まず、辺$\boldsymbol{a}$、$\boldsymbol{b}$、$\boldsymbol{c}$からなる三角形を描きましょう。$\boldsymbol{a}$と$\boldsymbol{b}$のなす角がθです。そしてここでも辺の長さは辺の名前と同じくそれぞれ$\boldsymbol{a}$、$\boldsymbol{b}$、$\boldsymbol{c}$とします。

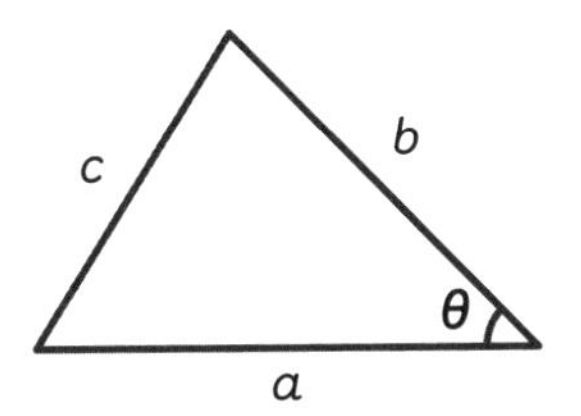

ベクトルを知らない中高生はここで補助線をいっぱい描くわけですが、大人は違います。

このような三角形を見たら、**第1ステップとして3つの辺をベクトルにしてしまうんです**。具体的には始点と終点を決めて、始点をグリグリと丸にして、終点に矢印の先を描きます。どこを始点にするかは自由に決めて大丈夫です。

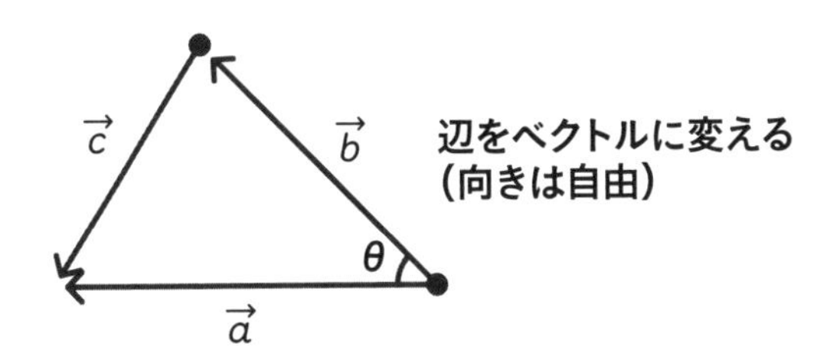

はい。

第2ステップは、いま勝手に決めたベクトルの位置関係を式で表します。ここで代数化するんです。 私の描いた図の場合、式はこうなります。

$$\vec{c} = \vec{a} - \vec{b}$$

ずいぶんパッと書けるものですね。

むしろパッと書けるのがベクトルのすごいところなんですよ。もちろん慣れないうちは、ある点からある点まで歩く道順を、2つ探すイメージで考えましょう。

2つ？

そう。スタートとゴールの同じ道のりが2通りあれば「＝」で結べるじゃないですか。それがベクトルの和の定義なので。**「＝」で結べるということは式にできるということです。**

たとえば左辺を$\vec{c}$のルートにすると決めたら、右辺は同じ始点と同じ終点を持つ別ルートを考えればいい。今回は私が勝手に決めた$\vec{b}$をマイナスに変換して、$\vec{a}$と足せばうまくいきそうだと。

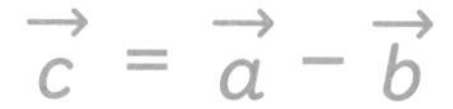

$$\vec{c} = \vec{a} - \vec{b}$$

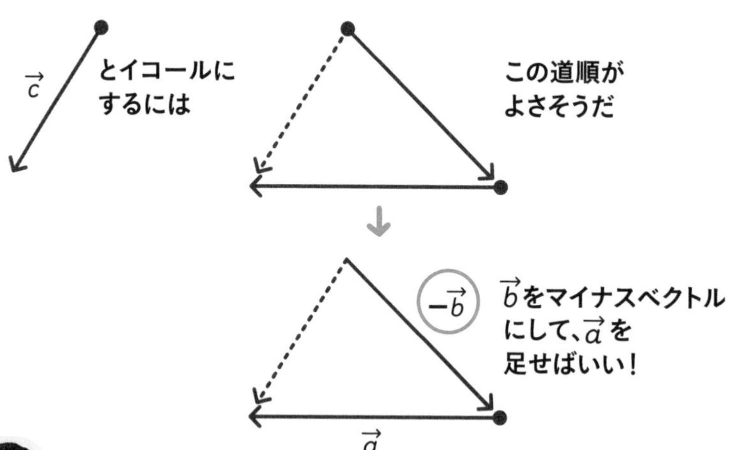

ああ、なるほど。

こうやって式にしていくんですよ。

面白いですね。小学生向けにベクトルの足し算と引き算が学べるパズルゲームをつくって儲けようかな……（笑）。

監修者やります（笑）。冗談はさておき、式が立ったら第3のステップとして両辺を2乗します。つまり内積を計算します。

$$\vec{c}\cdot\vec{c}=(\vec{a}-\vec{b})\cdot(\vec{a}-\vec{b})$$

もしくは

$$|\vec{c}|^2=|\vec{a}-\vec{b}|^2$$

なんで急に2乗が？

今回は余弦定理を導きたいからなんですけど、余弦定理って辺の長さの関係を示す式でしたよね。余弦定理に限らず、だいたいどの幾何の問題でも知りたいことって、「関係性」ではなく実際の「長さ」や「角度」などのスカラーです。
でもいまの式だと「ベクトルの関係式」の状態ですね。式は簡単に立てられるけど、どこかのタイミングでスカラー化して現実の世界に戻さないと、抽象的なまま。長さの関係式にする一番簡単な方法が、ベクトルを2乗して内積を計算することなんです。

絶対値の記号をつけちゃだめなんですか？

それでもいいんですけど、式の展開が先に進まないんですね。

いずれにしても現実に存在する「長さ」や「角度」などのスカラーにしたい。そのためには2乗するのが手っ取り早い。だって両辺とも2乗すれば、関係式は崩れないけど、スカラーという現実的な数字になるから。

そうか。

だからどんな図形問題をベクトルで解くときも、2乗によるスカラー化はいつもやります。

ちなみに先ほどかけ算の話で伝え忘れていましたが、ベクトルの2乗は「向きが同じベクトルのかけ算」と同じ。単純に2乗するだけ。

では一気に余弦定理を導きます。

$$|\vec{c}|^2 = |\vec{a} - \vec{b}|^2$$

$$= \vec{a}\cdot\vec{a} - \vec{a}\cdot\vec{b} - \vec{b}\cdot\vec{a} + \vec{b}\cdot\vec{b}$$

まとめられる

$$= |\vec{a}|^2 - 2\vec{a}\cdot\vec{b} + |\vec{b}|^2$$

$ab\cos\theta$

$$c^2 = a^2 - 2ab\cos\theta + b^2$$

余弦定理

ふう。手が疲れた（笑）。余弦定理がこんなにあっさり導き出せました。**補助線は一本も引いていません。**すごくないですか？

すごいかも……。

しかも**ベクトルを使えば五角形だろうと、八角形だろうと、わからない辺の長さがあったら数行で答えを出せる**ということなんです。そのときやることも先ほどの3ステップと同じ。

1. 図形をベクトルに表現し直す。

↓

2. 知りたい辺を（ベクトルの状態で）左辺に置き、始点と終点が同じになる別の道順を探して右辺に置く。つまり、式にする。

↓

3. スカラー化するために両辺を2乗する。

この3つのステップは基本的に変わりません。

ああ！　長さがわからない辺同士の関係式は容易につくれないけど、**ベクトルにすると、抽象的になるけどサクッと式が立てられるんだ！！**

そうなんです！　数学って式を立てるまでが勝負なんですけど、ベクトルを使うと圧倒的に式が立てやすくなるんです。そうやっていったん式にしたあとに2乗して、またスカラーとい

う現実に戻せば、わからない辺の長さが求められる。cosと言われてもナゾだけど、値なんて関数電卓ではじき出せるわけだから。

しかも、すべての辺をベクトル化する必要は滅多になくて、たいてい外周の辺をベクトル化してしまえばOK。というのも、中にある細々とした辺の大半は対角線ですから、ベクトルの和で表せるんです。

⇨何次元でも扱えるベクトル

へーーー。じゃあ円でも使えるんですか？

これが実は……使えるんです！　**円のベクトルの場合、「大きさ」には半径が入って、「向き」は全方位になります。**半径が1の円をベクトルで表すと「$|\vec{r}|=1$」。1行で書けます。

円の方程式　$|\vec{r}|=1$

立体はどうなるんですか？　立体も図形ですけど。

3次元もできます！　始点と終点があることで向きが定まって、矢印の長さが大きさを表して、というのはまったく同じなので、立体になろうと考え方は変わりません。

3次元になるとz軸が増えるから情報量も増えそうな気がするんですけど……。

矢印の連結ゲームをするときに z 軸も考慮しないといけなくなるのはたしかです。でも、**2つのベクトルの位置関係だけ考えると、なす角は1つしかないですよね。**それが空間にフワフワしていたとしても、2つのベクトルを見るときは「面」で考えるわけじゃないですか。

そっか。

だから空間でも平面でも何も変わらないんです。空間を扱う幾何の問題って本当に難しいものが多いんですけど、ベクトルを使えば簡単に解けます。

ベクトル、ヤバイ……。図形を扱うのに、便利すぎる。**抽象化したベクトルで計算して、現実で使うためにスカラーに戻す……かぁ。人間の脳みそってすごいッスね。**

2つの情報を同時に持てる記号ってなかなかないので、高級概念と言えば高級ですけどね。

もしや、ベクトルって先生のご専門の「渋滞学」でも使っているんですか？

もちろん。渋滞ってまさに大きさと向きの話なので、車や人の動きを全部ベクトル化して表しているんです。しかもそれを微分する。だからベクトルと微分がないと渋滞学は成り立ちません。

ベクトルを微分！！？？（ヤバい球が飛んできたな……汗）

ちょっと難しいですけど、「ベクトルの微分方程式」というのを大学で習うんです。

先生が人類の宝だと（超うっとり顔で）おっしゃっている「微分積分」と今回の「ベクトル」が、つながっているとは……！！　なんか感動的っス。その授業はもう遠慮しますけど……（小声）。

私の専門の「渋滞学」ってちょうどその2つが合わさった領域の学問なんです。

位置ベクトルを微分すると速さベクトルになる。速さベクトルを微分すると加速度ベクトルになるというニュートンがつくった法則があって、そういう知識をフル動員して式を立てたり、動きを予測したりして、課題解決に役立てています。

たしかに文系の人にとっては想像すらできない世界かもしれないですけど、中学や高校で習う数学の知識って、すべての基盤で、必要に応じて組み合わせながら研究しています。
全部がわからないまでも、その雰囲気がちょっとでも伝わればいいなぁ♡

今回の授業で、**「ベクトルがヤベえくらい便利」**ってこと、十分すぎるほど伝わってきました。**やっぱり先生、神や……！**（涙）

コラムまんが

少年が来る!(前編)

6日目

〈特別授業②〉「微分積分」で未来を予測してみる!!

Nishinari LABO

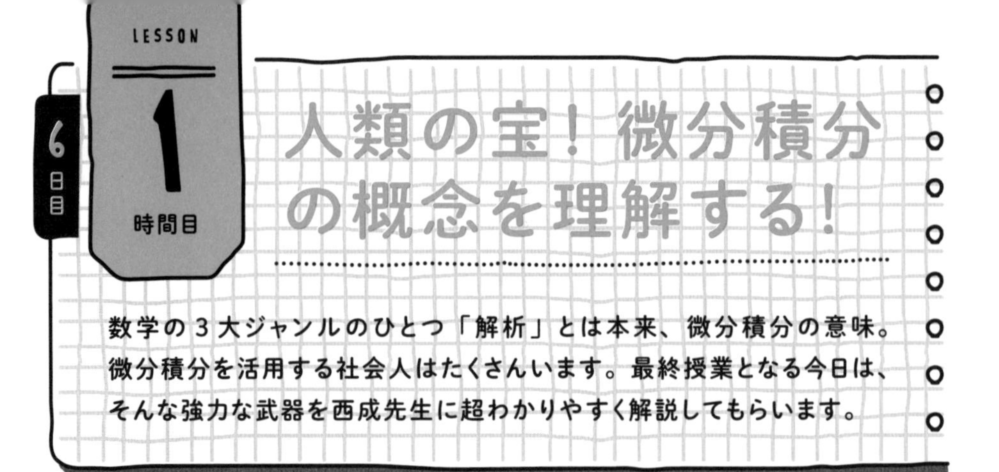

人類の宝！微分積分の概念を理解する！

数学の３大ジャンルのひとつ「解析」とは本来、微分積分の意味。微分積分を活用する社会人はたくさんいます。最終授業となる今日は、そんな強力な武器を西成先生に超わかりやすく解説してもらいます。

微分積分と関数の関係

最終日の今日は、人類の至宝「微分積分」（ウットリ♡）ですが……めずらしくウキウキしていません？

いや～、私も思えば遠くにきたもんだ……って♪　高校のときに数学で完膚(かんぷ)なきまでに打ちのめされたので、正直「わかったフリして帰ろ」と思っていたんですけど、特別授業まで理解できちゃったので、かなり感動しています……！

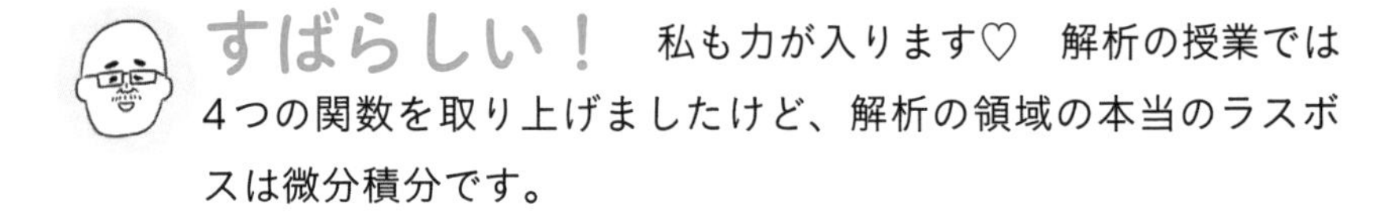

すばらしい！　私も力が入ります♡　解析の授業では4つの関数を取り上げましたけど、解析の領域の本当のラスボスは微分積分です。

中学版でも、少しだけ微分積分の概念に触れましたよね。
たしか……池の面積を調べるというたとえで、1m四方の板切れを水面に並べて枚数を数えることで面積を測ろうとしても、曲がりくねったところは測れない。

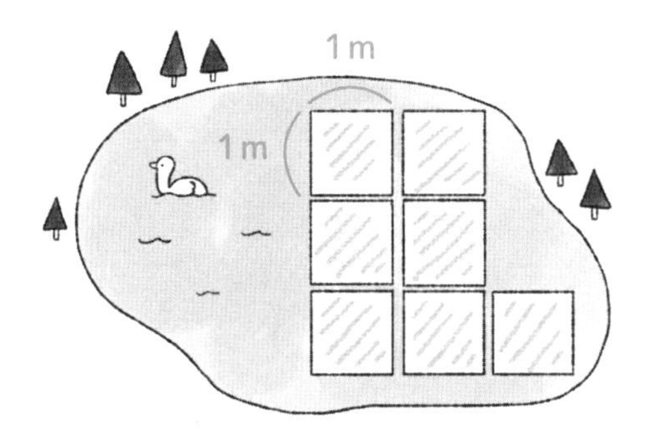
1m
1m

でも、その板切れを極限までどんどん小さくしていけば正確に計測できる、というお話でしたよね。

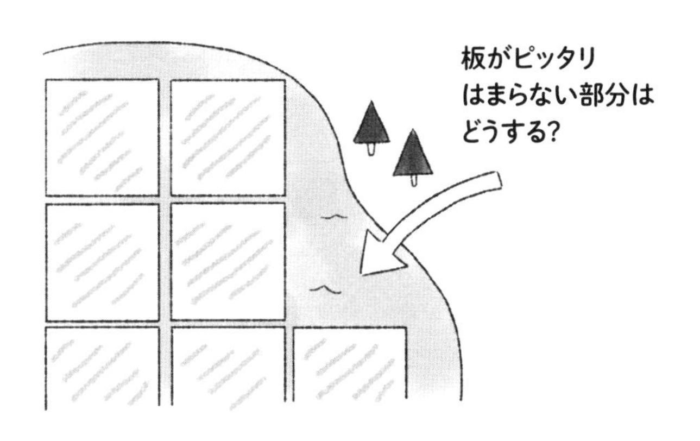
板がピッタリ
はまらない部分は
どうする?

そうですすね。何かを測るときに**測る物差しをどんどん小さくして、対象を「微細に分けながら測る」のが微分。**
その結果を、「改めて足していく」のが積分。

この説明がイメージできたら、高校の文系数学は終わり。
でも、中学版では微分は説明しましたが、積分はかなり省略した部分もあるし、今回は代数の数列というアイテムを手に入れたので、積分のもう少し深いところまで行っちゃおうかな〜と思っています。

今日する話の一部は文系数学の領域を超えますが、微分積分は「人類の宝」ですから、絶対に損はさせません！！！（キッパリ）

⇨本日のお題は「三角形の面積」です

じゃあ、さっそくやりましょう。肩慣らしで小学校の問題から入ります。

どんとこーい！！！

ここに直角二等辺三角形があります。底辺と高さは1とします。ではこの面積はいくつになりますか？

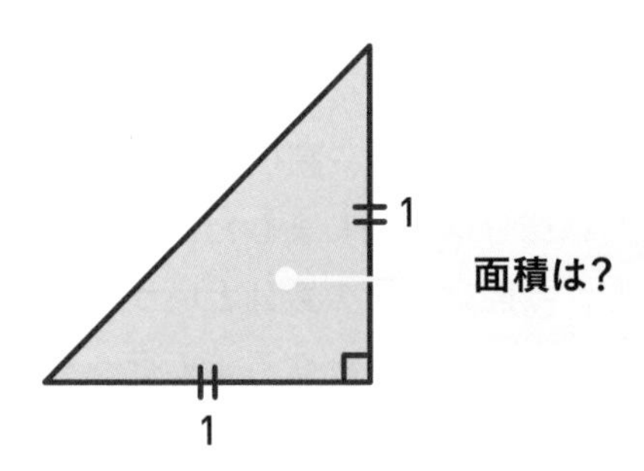

えっと……「底辺×高さ÷2」なので……1の半分で、$\frac{1}{2}$。

大正解！　この「$\frac{1}{2}$」というのが、今日の主題。

え？？？（当たり前やん……）

なぜ$\frac{1}{2}$になるのかというと、図を見たら一目瞭然ですね。1辺の長さが1の正方形の折り紙を対角線でパタンと1回折ったら面積は半分になります。「は？　そんなの当たり前っしょ」って顔してますど（笑）、実はその概念がすごく大事なんです。

正方形の面積は「1辺×1辺」だから誰でも計算できますよね。それを半分に折ったんだから面積も半分になるのもすぐにわかる。

じゃあ、次の問題。
対角線にあたる辺が「放物線」を描いていたら？
こんなふうに。

うぐぐ……。さっきまで草野球だったのに、急にプロ野球並みのボールを投げられた気分……（涙）。

急にややこしくなりますよね〜。中学生には解けなくて、高校生でもウッとなるハズ。**で、大人になると「いや、別に数学なんて……普段使わないし。ねぇ？」と言い訳をしながら逃げる（笑）。**

実はこの放物線、「$y=x^2$」というもっともシンプルな二次関数です。そして「正方形の一部がこの二次関数で切り落とされるとき、その部分の面積は正方形の$\frac{1}{3}$になる」というすばらしい公式があるんですよ〜♪

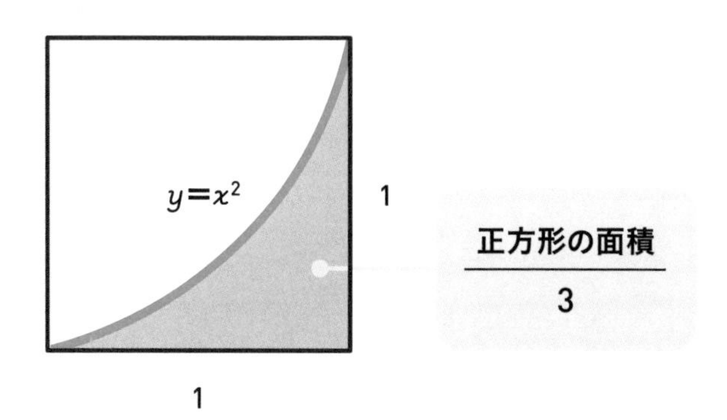

えええー、文系だと思って、適当に言ってません……？

……と疑いたくなるくらい、キレイな公式ですよね。
でも、この公式は正しいんです。
ここでまた、先ほどの直角二等辺三角形に改めて注目してみましょう。この三角形を座標の上にポンと置くと、斜めの辺は「$\boldsymbol{y=x}$」という一次関数で表すことができます。

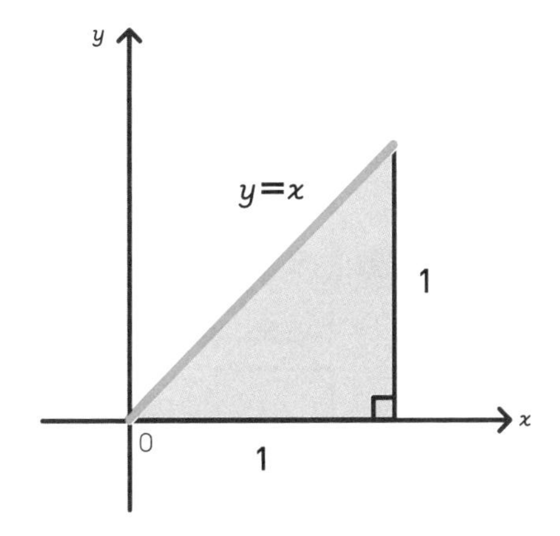

つまり一次関数で正方形を切り落とすと、残った三角形の面積は正方形の$\frac{1}{2}$になるということですね。

おお！　「ただの図形の問題じゃん」と思って眺めていたら、いきなり座標とグラフの世界に飛んで驚きました。

でしょう？　**こうした「越境」が数学の本領を発揮するところで、幾何を関数的に扱うと、解析や代数の知識までもが活かせるんです。**

少しワクワクしてきました。

さて、ここで「おや？」と気づく人がいるはずです。
一次関数だったら$\frac{1}{2}$になる。二次関数のときは$\frac{1}{3}$。えっ、じゃあ、三次関数のときはもしや$\frac{1}{4}$とか……？
「そんな都合のいい話」が……あるんです！　実はそれは正解で、**1と$\frac{1}{2}$、2と$\frac{1}{3}$といった関係性の背後にあるのが「積分」**なんです♡

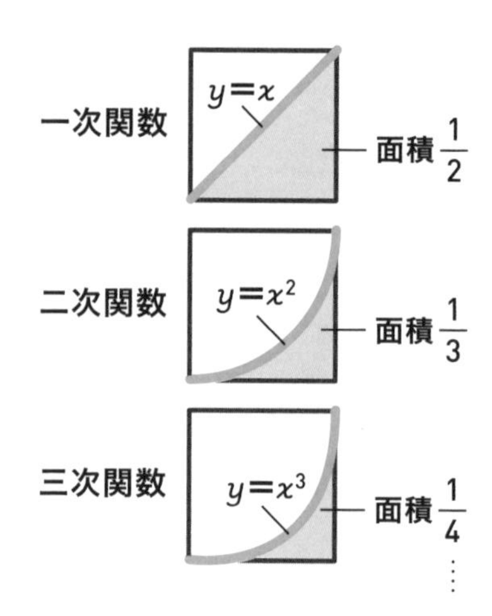

ニュートンVSライプニッツの仁義なき戦い

それをきちんと証明したのがドイツ人数学者、ライプニッツです。同時代を生きたイギリス人のニュートンが大もとのアイデアをつくり、ライプニッツが完成させました。
これが、この超イカす偉人たちです。

アイザック・ニュートン
(1643－1727)

ゴットフリート・ライプニッツ
(1646－1716)

ニュートンって万有引力の人だから……物理学者ですよね？

彼は微分積分法の発見者でもあるんです。で、どちらが微分積分をつくったかは、数学界を二分する論争になっています。

しかも、**イギリスとドイツはいまだに国を挙げた（？）戦いをしているんです。**ニュートンVSライプニッツ。これだけで壮大な映画になる（笑）。

300年近くの論争ですか……（汗）。

このように**裏では非常に泥臭い戦いがある**のですが、それとは対照的に、**なんと感動的で美しい公式よ……！**（感涙）

高校では理系の3年生しかやらないのですが、とても大事な内容なんです。

は、はい。

そこで今日の授業では、「一次関数だけ」使って、この公式を説明したいと思います！

どう分けるのが最適か？

改めて、直角二等辺三角形を描きましょう。

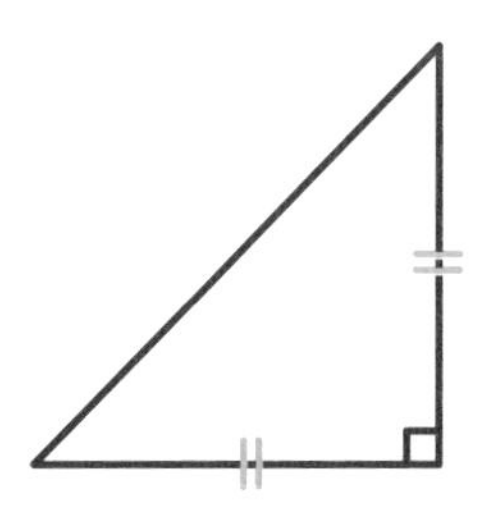

微分積分の基本概念は「面積や長さを細かく分けて、あとで足す」というものでしたね。三角形も同じで、この直角二等辺三角形の面積は、私たちは公式を知っているから一発で計算できるけど、実は**分けて足しても計算できるんです。つまり微分積分で面積がわかります。**

へえ〜〜〜、微分積分で三角形の面積が。

分けるところまでは中学版でなんとなくやりましたけど、足すところの説明は省きました。**なぜなら足す操作のなかに「数列の和」という代数**が出てくるから。

今回は数列の和をすでにマスターしましたから、臆せず積分の世界の扉を開けられます。

ではどうやって三角形を分ければいいか？　適当に分けるとわけがわからなくなるから**規則的に分けないといけない**というのは感覚的にわかりますよね。

なんとなく。

その規則を最初に考えたと言われているのがニュートンです。この本に、ニュートンが世界ではじめて微分積分法を紹介した記述が書かれています（ヨイショ）。

デカッ！！！　タイトルは『チャンドラセカールの「プリンキピア」講義』？　気になるお値段は……1万2000円！？

チャンドラセカールはノーベル賞をとった物理学者です。その彼がニュートン著の『プリンキピア』を説明するという構成になっています。まあ、あまりに分厚い本なので、研究室のインテリアと化している教授がほとんどですけど（笑）。

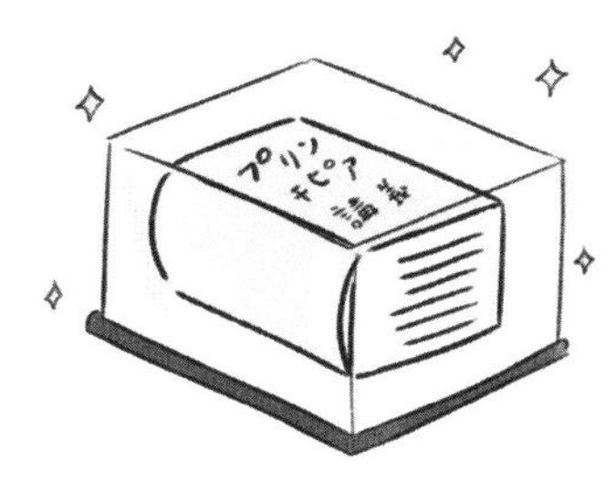

東大の先生でも「積ん読（つんどく）」ってするんッスね（笑）。

そう。老後に読もうと買っておいたのに、ゼミ生に貸して「借りパク」されるパターン（笑）。
で、そのなかに微分積分法の記述があるんです。……ここです。

うわぁ……、それっぽい図形が書いてありますね〜。

こうして微分積分法は世の中に出てきました。
それをライプニッツや、ほかにもオイラーといった学者が洗練させ、より幅広く使える武器に進化させました。

なるほど……というか、**見出し以外、一言も理解できない（涙）**。

書いてあることは実はとてもシンプルで、**「面積を知りたいときは、対象物を細い縦長の短冊に等間隔にスライスして、それぞれの短冊の面積を求め、最後に足しましょう」**という話です。

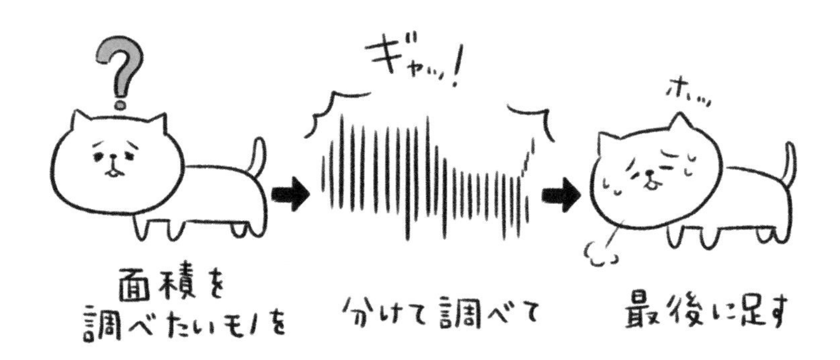

ここで、まさに「微分積分の概念そのもの」を提唱したんです。

ああ、池のたとえだと正方形の板でしたけど、実際に微分積分をするときは縦長の細長い板を使うということですね。

そうそう。だって何かを分けることを考えると、それが一番シンプルな形じゃないですか。
でもニュートンが考えたのはそれだけじゃないんです。たとえば三角形を短冊状に細かくスライスしたとしても、1つの短冊は完全な長方形ではないですよね。

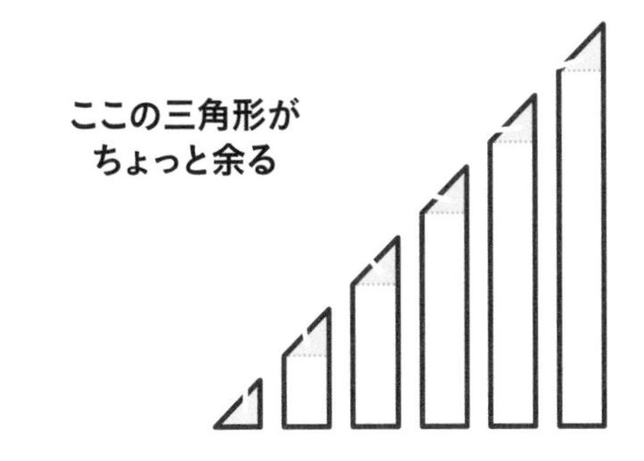

小さな三角形がちょっと余っちゃいますね……。

そうですよね。ここがニュートンの偉いところなんですけど、**「スライスをどんどんどんどん細くしていけば三角形の面積もめちゃくちゃ小さくなるんだから、**無視してしまえ！　長方形だと思えばいいんだ！」と割り切ったんです。

いや、それ、ただの雑な人（笑）。

ざっくり主義。でも、この「雑さ」がよかったんです。なぜなら短冊を長方形だと割り切って考えれば、斜めの辺が直線であろうと曲線であろうと関係なくなるから。三角形をスライスした短冊の面積を正確に測るためには、台形の面積を調べないといけません。それはできたとしても、先ほど見せた放物線で切り取られた面積になると、よくわ

からないままですよね。

そうか。

ここが天才の発想。

普通の人みたいに、真面目に面積を考えようとしたら、一生、答えは出てきません。

で、短冊状のスライスを長方形として考えるとき、「少し小さく見るか」「少し大きく見るか」という違いがありますよね。こんな感じで。

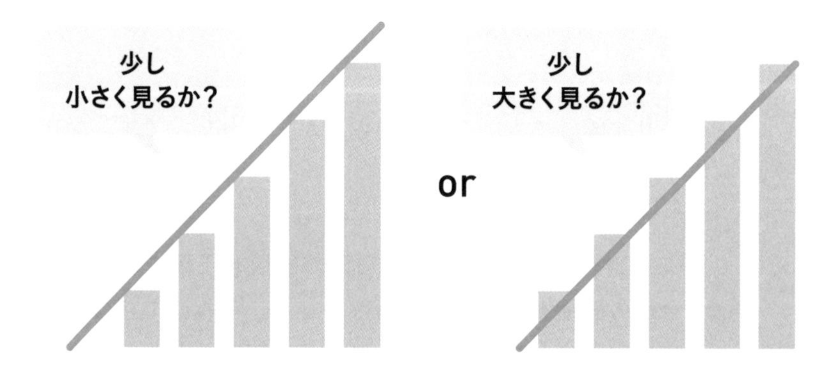

はい。

実はどちらでも最後は同じ結果になります。
これも微分積分のスゴイところなんです♡

➪三角形の面積を微分積分で計算する！

直角二等辺三角形の底辺と高さをaとします。すると面積は$a \times a \times \frac{1}{2}$。数学（ツウ）っぽく書くと$\frac{a^2}{2}$。見た目はゴツいけど、やっていることは小学生レベル。

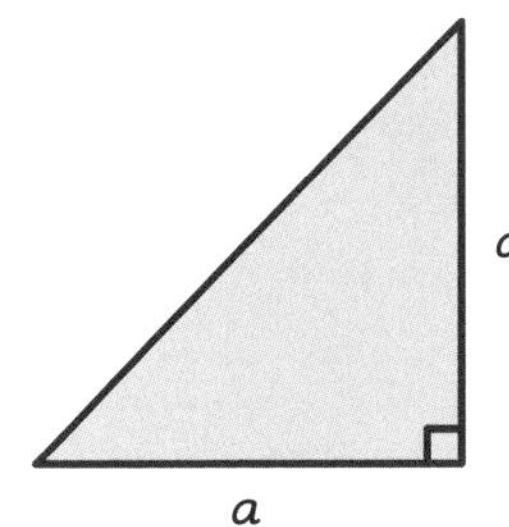

面積 $= \frac{a^2}{2}$

次に、三角形の面積を微分積分で導いていきたいのですが、第1ステップは、このフワッと宙に浮いた感じの図形を、座標軸のなかにバシッと埋め込むことです。

この三角形の場合は一次関数でしたっけ。

そうです。三角形の底辺にあたるのがx軸。斜めの辺にあたるのが$y=x$。そして高さにあたるのが$x=a$の縦線です。

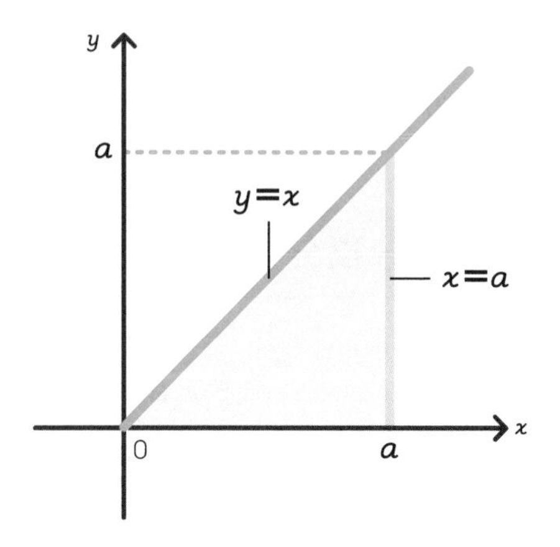

さあ、これで素材がそろいましたけど、とりあえずこの三角形を3等分にスライスしてみましょうか。1つのスライスの横幅はいくつになりますか？

aの$\frac{1}{3}$だから、$\frac{a}{3}$？

そう。だからx軸は「0から$\frac{a}{3}$」「$\frac{a}{3}$から$\frac{2a}{3}$」「$\frac{2a}{3}$からa」の3つにスライスできます。

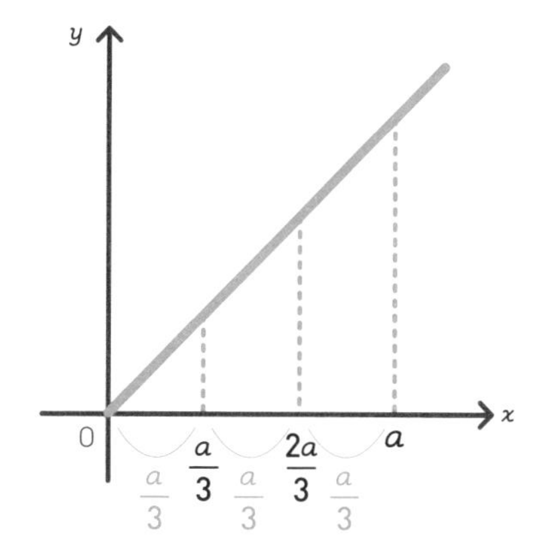

次にそれぞれのスライスのなかに長方形の短冊をつくりましょう。長方形の左上が$y = x$と接するところが高さだとすると一番左の短冊はつくれません。真ん中の短冊は高さが$\frac{a}{3}$。右の短冊の高さは$\frac{2a}{3}$です。ここまで難しくないですよね。

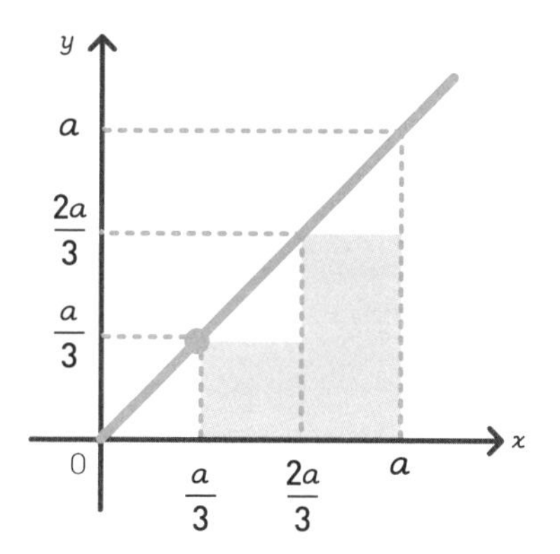

はい。

では試しにこの2つの長方形の面積を計算して、足してみましょう。こうやって分けたものを足していくことを「積分」と言います。

$$\frac{a}{3}\times\frac{a}{3}+\frac{a}{3}\times\frac{2a}{3}$$
$$=\frac{a^2}{9}+\frac{2a^2}{9}$$
$$=\frac{3a^2}{9}$$
$$=\frac{a^2}{3}$$

分母が3か。惜しい（笑）。

惜しいですよね。正解は$\frac{a^2}{2}$にならないといけないのに、$\frac{a^2}{3}$になっています。**この誤差はもちろん、短冊にするときに捨ててしまった三角形の分です。**

じゃあどうするか。ここでニュートンは気づきました。3等分くらいでは大ざっぱなので、100等分、1000等分、**いや、無限大に分割したら面積は同じになるのではないかと。**
これがおそらく人類の生み出した最高峰のアイデア。

無限大とか、そんな抽象的なことを言われても……。

でもそれができるのが抽象的なものを扱える数学なんです。方法は簡単で、ここでも文字を使って「n等分とする」と仮定すればいい。すると1つの短冊の幅は底辺の$\frac{1}{n}$で表すことができますね？

実際に三角形の一部をスライスしてみましょう。最初のスライスは$x=\frac{a}{n}$。次のスライスは$x=\frac{2a}{n}$。次は$x=\frac{3a}{n}$です。これがずっと続いていきます。で、最後に起きるスライスのxの値を表したいわけですが、わかりますか？

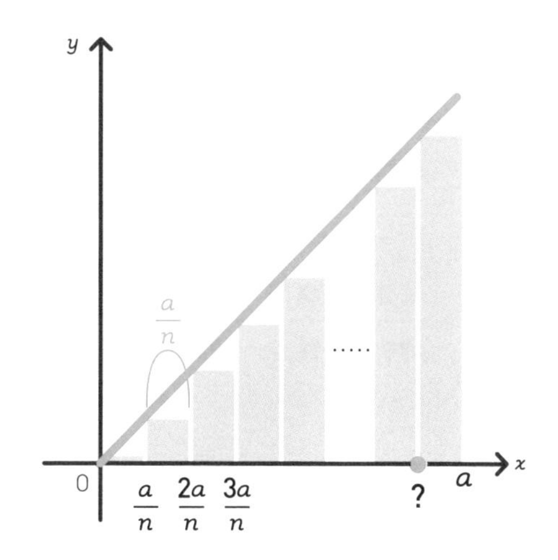

ううーーん。頭が……。

ちょっと難しいかもしれませんけど数列の授業を思い出してもらえれば難しくありません。規則的に続く数列でどんな値になるかわからなかったら、簡単な例で実際に書いてみればいいんです。

そうでした。

たとえば5等分するとしたら、x軸の0からaの間に4つ区切りをつけないといけません。それはどの値になりますか？

$\frac{a}{5}$、$\frac{2a}{5}$、$\frac{3a}{5}$、$\frac{4a}{5}$。

そうですね。最後に区切るのは$\frac{4a}{5}$。つまり、n等分するなら、$\frac{(n-1)a}{n}$になります。

なるほど。

これでxの値が定まったので、今度は「短冊の面積」を見ていきます。$y=x$という関数ですから高さyはxと同じ。ということで短冊の面積の和は次のように表すことができます。

$$\frac{a}{n}\times\frac{a}{n}+\frac{a}{n}\times\frac{2a}{n}+\frac{a}{n}\times\frac{3a}{n}+\cdots\cdots+\frac{a}{n}\times\frac{(n-1)a}{n}$$

これで下準備完了。てんてんてんが残った状態で指をくわえて見ていてもラチがあかないので、式を変形していきます。

すぐに気づくのは、すべての短冊の面積に$\frac{a}{n}$が共通項としてあることですね。底辺の長さが同じなので当たり前ですが、共通項があるときはくくってみる。これが中学で習う因数分解ですね。すると式はこうなります。

$$\frac{a}{n}\left\{\frac{a}{n}+\frac{2a}{n}+\frac{3a}{n}+\cdots\cdots+\frac{(n-1)a}{n}\right\}$$

で、さらにカッコでくくられた部分をよく見ると、まだ共通項があります。

むむ……あ、$\frac{a}{n}$？

そうです！　なのでこれもくくってカッコの外に出してしまいましょう。

$$\frac{a^2}{n^2}\{1+2+3+\cdots\cdots+(n-1)\}$$

するとカッコの中がめちゃくちゃスッキリします。しかも、$1+2+3+\cdots\cdots+(n-1)$ってどこかで見たことがあるぞと。

公差が1の等差数列！

そう。代数の知識がここでつながるんです。

復習ですけど等差数列の和の求め方は「ひっくり返して足す」です。ガウス君が教えてくれましたよね。
実際には数列の頭と末尾を足せばいい。すると$1+n-1$なのでn。それが$n-1$セットあるので2つの数列の和は$n(n-1)$。

これは数列2つ分の和なので、最後に2で割ればいいと。

$$\begin{array}{rccccccc} & 1 & + & 2 & + & 3 & +\cdots\cdots+ & n-1 \\ + & n-1 & + & n-2 & + & n-3 & +\cdots\cdots+ & 1 \\ \hline & n & + & n & + & n & +\cdots\cdots+ & n \end{array}$$

上下を足したらnになる

$$\frac{n(n-1)}{2}$$

$n(n-1)$ ←セットが$n-1$個ある

2 ←上記は数列2つ分なので、2で割る

これで（$1+2+3+\cdots\cdots+n-1$）という式を、てんてんてんを使わずに表現することができました。これを元の式にあてはめましょう。

$$\frac{a^2}{n^2}\{1+2+3+\cdots+(n-1)\}$$

$$=\frac{a^2}{n^2}\times\frac{n(n-1)}{2}$$

ここからがポイント。nがものすごく大きな値だと考えて、$\frac{n(n-1)}{2}$の部分に着目してください。

（ジー）……何も見えてきません。

ちょ（笑）。たとえばnが100億だとしたら、$n-1$って99億9999万9999です。これってほぼ100億じゃないですか。100億円の資産を持っている金持ちからしたら、1円減ってもなにも変化しないじゃないですか。

たしかに。

だったら$n-1$もnとみなしてしまえ！　というのが、ニュートンやライプニッツの超絶に雑で、超画期的な発想。

$$\frac{a^2}{n^2} \times \frac{n(n-1)}{2}$$

えいっ！

$$\rightarrow \frac{a^2}{n^2} \times \frac{n^2}{2}$$

nが大きな値なら
1の誤差は無視できる
↓
n^2と考えてしまえ！

$$= \frac{a^2}{2}$$

$n-1$をnとみなすと×の右側が$\frac{n^2}{2}$になります。すると式の左側の分母にあるn^2と相殺される。すると残るのは$\frac{a^2}{2}$。すごくないですか！

なんの話でしたっけ？

（ズコッ）……三角形の面積$\frac{a^2}{2}$を、幾何の公式を使わずに微分積分で導き出したんです。

あ、そうだった！　すげぇ。

で、これと同じようなことを二次関数で切り取られた面積に対してもできて、計算過程は省きますけど実際にやると$\frac{a^3}{3}$になるし、三次関数なら$\frac{a^4}{4}$になります。

へーーー。というか、一次関数で積分が理解できたことが衝撃的です。

だって、そもそも微分積分はどんな関数でも使えるわけですから、一次関数でもいいんですよ。二次関数以上じゃないと使えないわけじゃない。

ということは数列の和の計算の仕方を中学でやれば、微分積分は中学生でも余裕でできるし、文系の人のアレルギー反応も相当抑えられるはずなんです。実際、難しい計算なんてひとつもしていませんから。

うんうん。

少しだけ難しいのが概念なんですよ。
微分積分を習う上で一番重要なのは**「極限」という概念を理解すること**。つまり、**対象がデカくなるほど、微細な変化は無視していい**と考えられるかどうかです。

「違うじゃないか！」と細かいところにこだわるのではなく、宇宙規模のスケールで考えられるか。だからもし「500－1は？」という問題で子供が「ほぼ500」と答えたら、世の中の先生たちはその子に花丸をあげてほしい。**だって、その発想が世界を変えたんだから！！！**

めちゃくちゃ興奮してますね……（笑）。

失礼。でもそれくらい感動的な発想だし、現代文明に与えたインパクトが大きかったってこと。

ということは、それまでは曲線があるものの面積は計測できなかったんですか？

できなかったんです。三角形、四角形を組み合わせて「近い値」を調べるしかなくて、正確には計測できなかった。

へーーー。

⇨微分積分の記号を覚えよう

あとはお決まりの文法の話。面積のように積分した結果のことは「***S*** ＝」で表記することが多いです。コレ、「SUM」のことです。では何を積分するかをどう文字で表すか、ですが、ここで微分積分独特の「変わった記号」が出てきます。

ビヨーンとしたやつでしたっけ？

そう。***S***を縦長にビヨーンと伸ばした**「インテグラル記号」**を使います。日本語だと積分記号。

そしてインテグラル記号を使うときは、必ず右端に***dx***をつけます。これはセットなので、「*dx*って？　いまビジネス界で流行りのデジタルトランスフォーメーションのこと？」みたいに深く考える必要はありません。インテグラル記号も*dx*も積分のサンドイッチ用のパンみたいなものです。
肝心の具材は、真ん中に書く関数です。

「$y = x$」という一次関数で区切られた部分の面積を知りたいなら「x」と書く。$y = 2x^2 + 3x + 1$という二次関数で区切られているなら$2x^2 + 3x + 1$と書く。それだけの話です。

ふんふん。

あとはx軸の範囲の指定もします。範囲を指定しないとどこの面積かわかりませんからね。このxがとりうる値は、インテグラルの右下に始点、右上に終点を書きます。先ほどの三角形ならxは0からaの間。最終的にこうなります。

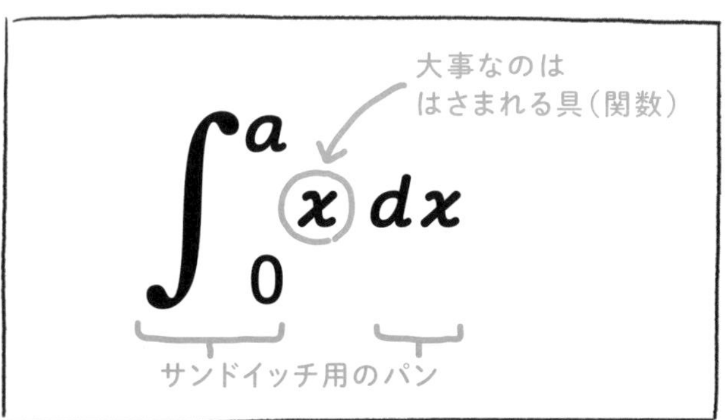

大事なのは
はさまれる具(関数)
$\int_0^a x\,dx$
サンドイッチ用のパン

こうなります

しっかし、まあ、よくこうも複雑に書きましたね……。

この人
何か?

文句はこの記号をつくった右のライプニッツに言ってください(笑)。でも、むしろちょっと愛くるしくありません?

1ミリも愛らしくはないですけど（笑）、「ああ、短冊を足した結果だ」というイメージが湧くようになりました。

それで十分です！

積分の式

$$\int_0^a x\,dx = \frac{a^2}{2}$$

$$\int_0^a x^2\,dx = \frac{a^3}{3}$$

$$\int_0^a x^3\,dx = \frac{a^4}{4}$$

$$\int_0^a x^n\,dx = \frac{a^{n+1}}{n+1}$$

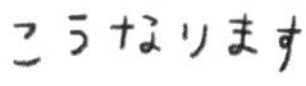

先ほど証明した面積が$\frac{a^2}{2}$になるという公式は積分公式と言います。

これ以外にも、指数関数や対数関数や三角関数など、あらゆる関数に積分公式があって、理系の高校生は必死に覚えているわけですよ。

「三角関数わけわからん」「なんだよlogって」みたいに授業を聞いていなかった生徒は、微分積分の授業で再会して面食らうと。

なるほど。で、文系の生徒はその手前の微分積分の概念でつまずくわけですね。

そういうこと。でも、やっぱり大事なのは「概念」です。

あれ？　微分はどんな表記でしたっけ？　中学版でやったはずなんですけど、思い出せません……。

中学版のほうでやってしまったので、今回は割愛しましたけど、式だけは出しておきましょうか。
微分はこうです。

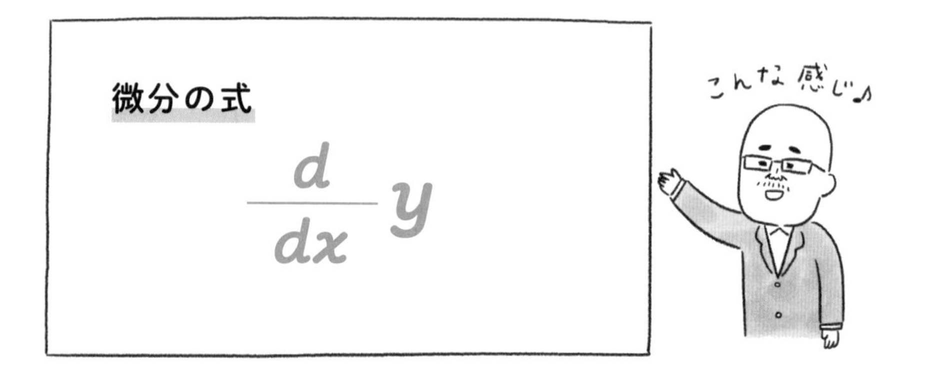

ちょっと覚えづらいですけど、左の$\frac{d}{dx}$がワンセットで微分記号です。そして右のyに入るのがxの関数です。

じゃあ面積がわかっていて、この式にあてはめたら関数が導き出せるんですか？

はい。今回は面積が$\frac{x^2}{2}$ですね（※aをxと書き直しています）。これを微分すると「肩の2（荷）」が下りて「x」になります。こうして$y=x$が求められるんですね～。実際のさまざまな関数を導くには、積分公式と同じで扱う関数によっていろんな公式があるんですけど、今回の授業では「こういう公式がたくさんあるから必要なときにググればいいや」と思ってもらえれば十分です。

コラムまんが

少年が来る!(後編)

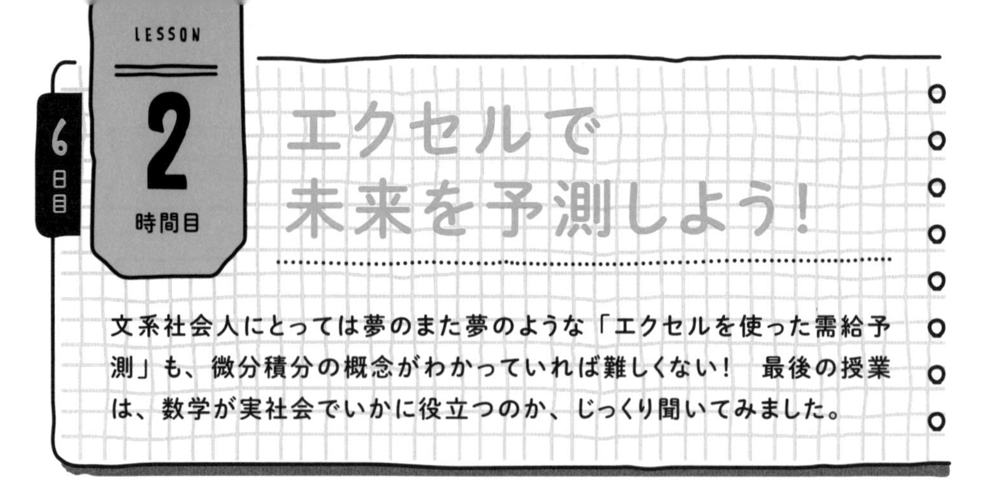

文系社会人にとっては夢のまた夢のような「エクセルを使った需給予測」も、微分積分の概念がわかっていれば難しくない！　最後の授業は、数学が実社会でいかに役立つのか、じっくり聞いてみました。

文系人間、エクセルで未来予測をする

ビジネスの世界で微分積分を使う人って、どういう場面で使ってるんですか？

私もよく使いますけど、**時系列データの解析**はまさに微分積分です。売り上げや株価、来場者数とか、世の中には時間とともに変動するデータがたくさんありますよね。それに対して将来を予測したいとか、累積を知りたいときに使います。

具体的にどうするかなんですけど、いくつか方法はありますが、そういうデータってだいたいエクセルで管理していますね。数値の羅列として。だから折れ線グラフとかは描ける。
今回は、そのグラフを関数にして予測する方法を紹介します。
微分積分の最初のステップを覚えていますか？

座標に落とし込むでしたね。

そう。まずは座標に落とし込んで、関数として表していきます。

でも**時系列データってジグザグじゃないですか**。それを関数として表現するって至難の技じゃないですか？

鋭い！　グニャグニャが増すと頂点が1つしかない二次関数や、2つしかない三次関数では表せなくなって、次数がどんどん増えていきます。でも、**どんな曲線でも次数を無限に増やしていけば完全に一致させることができる**んです。これは理系の大学生が習う**「テイラーの定理」**と言います。

そして**x、x^2、x^3などのことを多項式**と言って、**データを多項式に変換させることをフィッティングといいます**。

フィッティング？　なんかアパレルっぽい用語ですね。……ああ、体型に合わせて洋服をつくるみたいに、実際のグラフの形に合わせて関数の形を合わせていく、みたいな意味ですか？

そういうことです。で、**その作業はコンピューターがしてくれます**。別にスーパーコンピューターはいらなくて、みんなが使っているエクセルでもフィッティングできます。

マジっすか……。

エクセルって超お利口さんなんです。六次関数までですけど、**「多項式近似曲線を追加する」という機能**があって、実データに基づくグラフにできるだけ近い関数をあっという間

に考えてくれるんです。

じゃあ、次数が大きければ大きいほど予測精度が上がるということですか？

いい質問ですね。
当然、プロは精度の高い長期予測をしたいんだけど、数学的にそれは許されない。**「次数が多くなるほど、長期予測が暴れる」**という性質があるからです。
次数が多いと直近の未来予測の精度は高いんですけど、時間軸を長くとるとありえないような数値を計算したりするんです。でもそうかといって次数を下げると、長期予測では現実味を帯びた数値を出すんだけど、参考にするデータが少ないから精度は下がる。そういう意味で、関数を使って**データ分析をする人は「程よいバランス」を見極めるプロである**、とも言えます。

⇨エクセルの使い方をマスター！

ちょっとエクセルでやってみていいですか？　この際、エクセルマスターになりたい気分になってきました（笑）。

とりあえずセルAに上から適当な数字を10個くらい書いてみてください。

はい、じゃぁ適当に……「80、100、130、120、60、120、70、100、80、60」っと。

それができたらその10個のセルを選択して（手順①）、メニューから**「挿入」**を選び（手順②）、**「グラフ」→「折れ線」**を選択（手順③）。

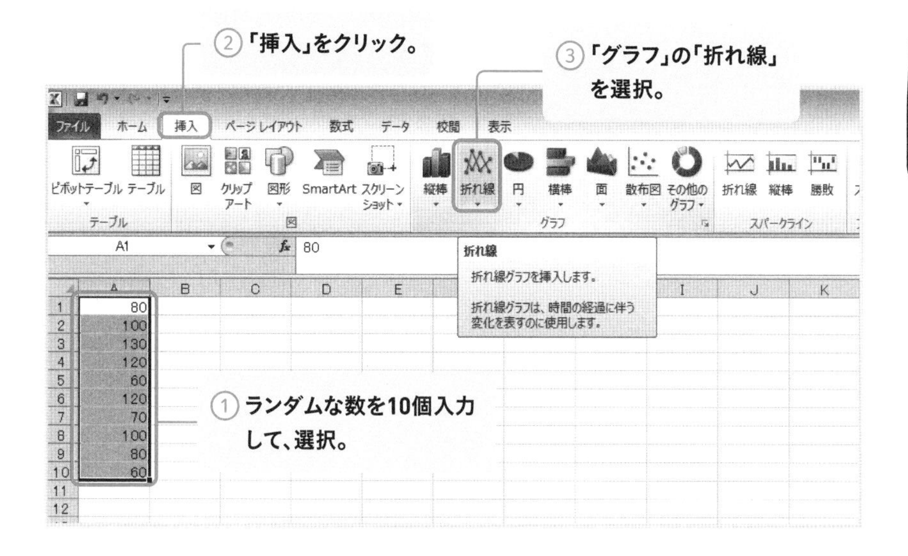

すると数値データがグラフ化されます。

おっ。この時点で斬新（笑）。

まだ下準備中です（笑）。で、表示されたグラフを選択して右クリックすると、**「近似曲線の追加」**という選択肢が出るので選んでください（手順④）。グラフの背景を選ぶのではなく、グラフの線そのものを選択してください。
すると近似曲線のオプションが選べるようになるので**「多項式近似」**を選択（手順⑤）。

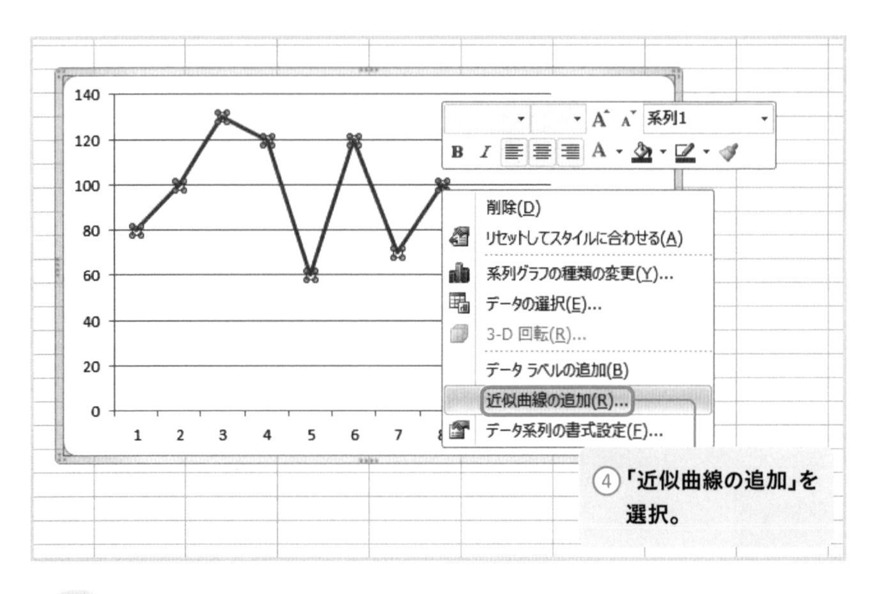

出ました。あ、でも全然違う……。

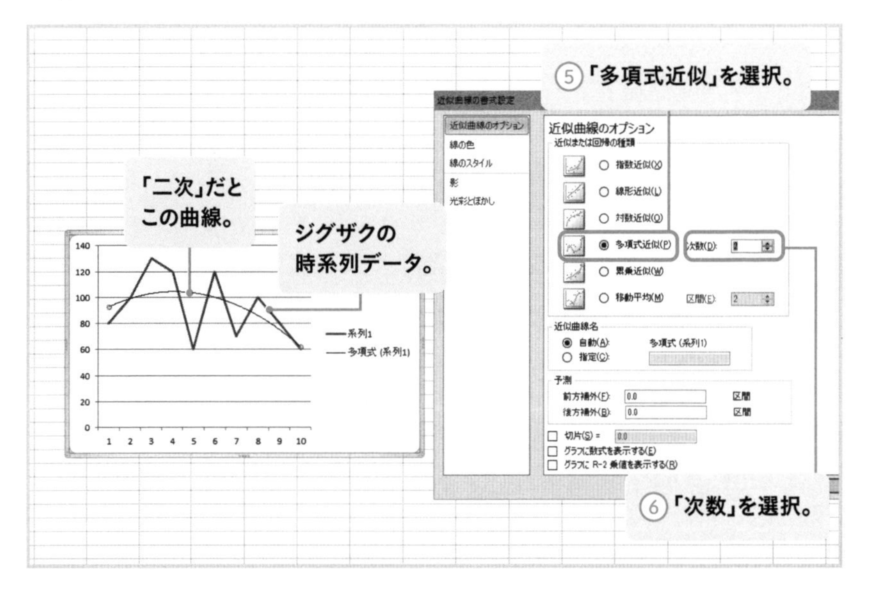

デフォルトだと二次関数の設定になっていますからね。「次数」と書かれたボックスの数値を1つずつ上げて

いってください（手順⑥、⑦）。だんだんグネグネして元のグラフに近づいていく感じがわかりますよ。

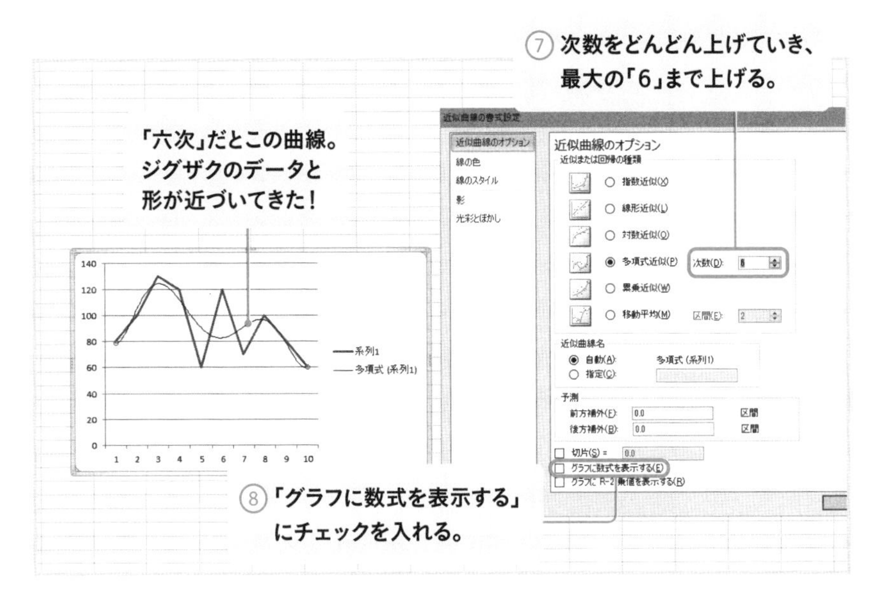

これが多項式近似曲線です。近似曲線のオプションのなかに「グラフに数式を表示する」というチェックボックスがありますから押してみてください（手順⑧）。

どれどれ……。なんじゃこりゃぁ！！？

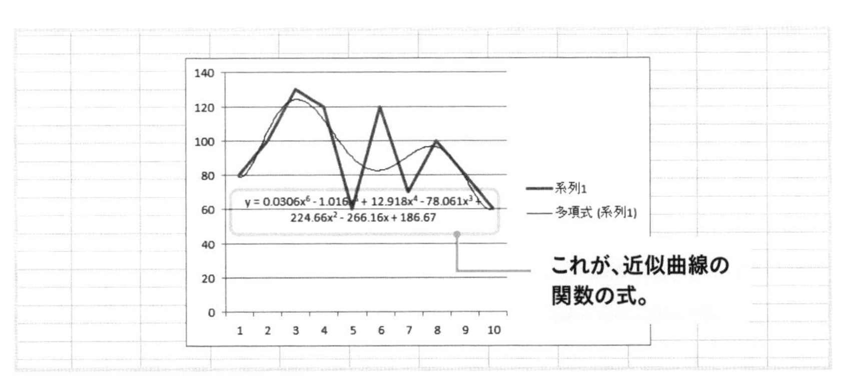

$$y = 0.0306x^6 - 1.016x^5 + 12.918x^4 - 78.061x^3 + 224.66x^2 - 266.16x + 186.67$$

これがエクセルが考えてくれた近似曲線の正体。六次関数の式です。式になるということは、xに値を入れたらyが出るということですね。

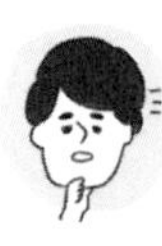

あ、そうか。

表示されている近似曲線は「過去」を映し出したものですが、**xの値を変えれば未来の世界がちょっと見えてしまうのです。**

すごい！　この六次関数にxの値を代入してyを計算するのって、エクセルではできないんですか？　ここまでコンピューターにやってもらって最後は電卓というのも格好悪いし……。

簡単ですよ。たとえばセルC1に「1」と書いて、別の空いているセルに先ほどの式をコピペして、少しだけ修正します。やることは「y」を消して、「x」をセル番号に変えて、かけ算を意味する「*」を入れて、指数を「^」で表現する、というだけ（手順⑨）。

```
=0.0306*C1^6－1.016*C1^5＋12.918*C1^4
 －78.061*C1^3＋224.66*C1^2－266.16*C1^1
 ＋186.67
```

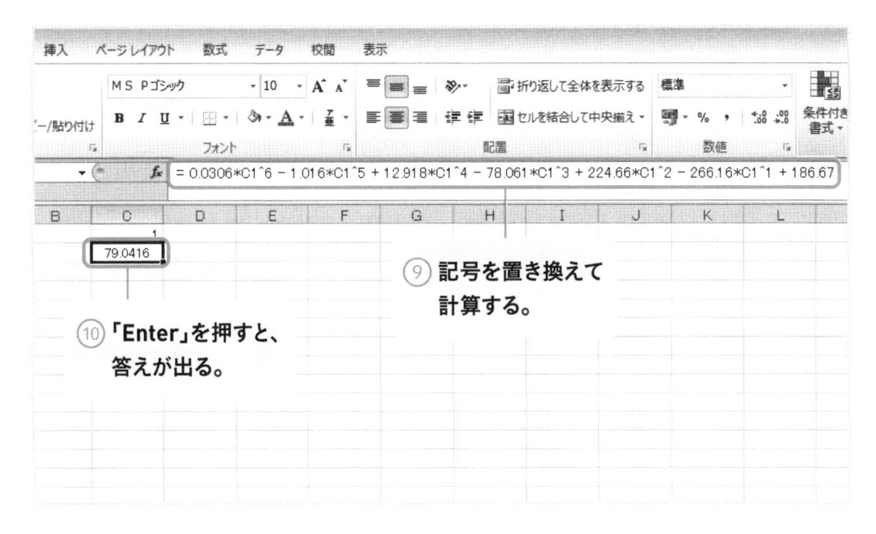

79.0416って出ました（手順⑩）。

これがx＝1のときの近似曲線の値です。郷さんが書いたのは……A1のセルを見ると、「80」でしたね。

近い！　じゃあ、試しにC1に「11」って入れて、未来の世界を見てみますね……。257？　いやいや、それはない。

それが「暴れる」という話。だから現実的な予測をしたいなら、xを「10.1」くらいにするか、次数を下げるか。
それよりも、未来予測で一番大事なのは傾き。グラフが上向きなら株価が上がりそうだから、買いを入れる。グラフが下向きなら株価が下がる前に売り抜いてしまえばいいわけです。で、傾きを調べることを「微分」と言うんですよ。

そういえば三角形を細かく分けて足した話は積分の話がメインでしたね。ただ、$y=x$とか$y=x^2$みたいな関数の形は出てき

ましたね。

そう。関数が決まれば、それを微分して傾きがわかる。そもそも我々は「傾き」という言葉は使わず、「このデータの微分係数は」みたいな言い方をしますから。**「微分係数＝傾き」のことなんです。**

それって機関投資家とかも日々見ていることなんですか？

投資方法の1つですね。**過去のデータの変動パターンから未来を予測することをテクニカル分析と言います。**どの機関投資家も普通にやっています。
特に、FXの短期売買みたいにパッと買ってパッと売るときは、テクニカル分析が向いているんですよ。

1カ月後の予測よりも、**3分後に上がっているか下がっているかがわかればいいわけですからね。**

そうなんです。だから参照データの時間軸の幅だけは固定して、市況が刻一刻と変わるたびにデータを更新して多項式にどんどんフィッティングしていく。これを**移動平均**と言うんですけど、移動平均をすると3分後の市況が常に予測できます。

そういうことなんですね！　アナリストが微分積分をどう使っているのか、生まれてはじめて理解しました。

そのとき、Aという証券会社は過去1日分を7次関数でフィッティングするとか、Bというヘッジファンドは過去3日分を5次関数でフィッティングするとか、いろいろあると思います。それは門外不出のトップシークレット。それこそごっついコン

ピューターをブンブン回して「期間と次数の最適な組み合わせ」を24時間計算しているのかもしれません。

社外秘なんですね。**なんだ。エクセルでできる株の必勝法を先生に聞こうと思ったのに。**

残念。**交通量の予測なら得意なんですけど（笑）。**

交通量だとどうやって使うんですか？

過去の交通量が蓄積されたデータを使えば、今週末の交通量はどれくらいになりそうかはフィッティングすればわかるんです。それこそ混雑対策をしないといけないオリンピック組織委員会でもやっていますし、ホテルや航空会社にとって「需要予測」は死活問題。**イールド・マネジメント**という名前もついていて、数学者が高給で雇われています。
人の流れとかお金の流れが時間軸とともにどう変わるかがわかれば、先手を打っていろんなことができますよね。それが微分の使い方です。

へえ。

一方の積分も最初にやることは同じ。つまりデータをいったん関数に置き換えることです。関数にしてしまえば積分公式を使って面積がわかりますから。

必ずしも面積が知りたいとは限らないですよね。

でも、それが売り上げのデータだったら「面積＝累積の売り上げ」ですよね？
昨日までの売り上げなら実数値があるので足せばいいけど、1カ月先までの売り上げを予測したいなら、その関数を積分すればいいんです。

「数学者」「AI」「統計学者」の違い

ちなみにいまの**フィッティングに基づく未来予測の話って、AIもやっていることですか？**

違います（きっぱり）。
いま流行りのAI って主流は機械学習と言われるもので、「過去の膨大なデータから似たようなパターンを探し出してきて予測を立てる」というものなんです。
たとえばAIに投資判断を委ねる投資信託がありますが、あれってたとえば主要銘柄の過去の株価の動きを学習させて、リアルタイムで起きている株価の動きと見比べて近いものがあったら「上がるかも、下がるかも」などとやっています。微分積分をメインで使っているわけではありません。

因果関係がないのに予測するんですね。

そう。たとえばアマゾンで「この商品を買ったお客様はほかにもこのような商品を買っています」みたいなレコメンドをAIに判断させるのはいいんですよ。でも世の中そういうものばかりではないでしょう。
「波形が似ていれば同じような動きをするんじゃないか」という発想は、私に言わせれば少しナ

イーブすぎるかな。

関数にするメリットは……裏づけがあること。

はい。もちろん関数にできないこともあるから、そこはAIが補えばいいんです。でも、**ある事象を関数として表すことができたら、めちゃくちゃ強力なんです。それは裏付けや理屈があるから。**それに関数にすることでxの値を自在に変えることができる。つまり、**再現性がある。**

それが得意なのが統計学者？

これもまたちょっと違うんです。なぜなら**統計という学問は時系列で変化していく現象を扱うのは苦手です。**標準偏差の話で分布という言葉を使いましたけど、あの分布って時間とともに変わらないという前提があります。分布が時間とともに変化していったら、もはや分布とは言いません。だから統計学は変動が苦手。あまり変動が起きないパターンを知りたいときは統計も活躍しますけどね。

ふーん。**AIは未来予測をするけど、根拠が弱い。統計は根拠はあるけど、変動に弱い。**じゃあ、ある企業がビッグデータを使ってどうにかしたいと思ったら、**その両方ができる数学者を呼べ**ということですか？

そういうことです。もちろん持っている素材と何をしたいかによりますけど、関数化ができるなら数学者が最強。
「ちゃんとした理屈に基づいて未来予測ができるのは数学をきちんと勉強した人だけ」なんです。

すごくわかりやすいですね。しかもフィッティングの話なんて、変化があるものならすべてに使えそう。

はい。だから微分積分ってビジネスでも社会問題でも投資でも医療でも、なんでも活用できるんですよ。
私の肩書きは数理学者ですけど、数理学者の仕事は世の中で起きている現象を、数学で扱える式に変換することですから。

いままでは関数のグラフを見ても現実とのリンクがまったくなかったんですけど、今日で見方が変わりました。

みんな関数を見ると抽象的で遠い存在だなと思ってしまうけど、まったく逆。現実の課題をより身近に扱うための道具なんです。**関数化した瞬間に、微分積分の土壌に乗るから。**だから研究室の学生たちにも、

君たちの使命は
数学で
世界をよくすることだ。

といつも言っていますよ。

わ〜〜〜、最後にめっちゃいい話を聞けました！
すばらしい授業、ありがとうございました！！！

おしまい♪

あとがき

本書をお読みいただき、どうもありがとうございました。

おかげさまで前作の中学版『東大の先生！　文系の私に超わかりやすく数学を教えてください！』は大反響で、なんと中学生からも多くの感想が寄せられました……。

あれ、ちゃんと見ました？　裏表紙の「R16 指定」の文字。よい子は読んではいけなかったハズです。

そして今回はさらに内容がヤバくなってきたため、

R18指定

とします。

本当にダメですよ！

この本は「**成人向け**」です。

というのも、やはり「普通に学校で勉強したあとに、モヤモヤした人が読むことで一気に霧が晴れる」。そういう体験をしていただきたいからです。「あのとき悩んでいたのは、なんだったんだ！」という言葉。

それが、私が読者の方々から聞きたい言葉です。

皆さまにもあるはずです。「な〜んだ、結局こういうことだったのか……」と、ストンと腹落ちする瞬間。

これがあるから勉強は楽しい。その楽しみを奪ってしまうのはよくありません。だから 18 歳未満の皆さん、まずは学校でたっぷり苦労してください(笑)。

また、数学のプロの方もこの本の対象ではないので、「厳密じゃない！」などと怒らないでください。

今回は「高校文系向け」に内容がアップグレードしていますが、気づきました？　なんと、本編（代数、解析、幾何の説明）のページ数（※付録の理系コースの章を除く）は、**なんと中学版より「少なく」なっているのです。**

それも私からの大切なメッセージです。

つまり、中学数学という基礎がいかに大切か。そして基礎さえマスターすれば、そこからまたしばらくはラクに登れる段階になるということ。

それが「高校文系数学」だと思ってください。

たしかにいくつかの見慣れない武器が登場しますが、「なくてもがんばれば登れるけど、もっとラクに登るためのアイテムにすぎない」と思ってください。単に使い方を覚えるだけで、前に進むのです。

中学版のときのような「二次方程式という長く険しい道のり」をクリアした方なら、「高校版のアイテムをゲット！」しながら進んでいくほうが簡単に感じたのではないでしょうか。

私の尊敬するある研究者が以前、**「数学を勉強すると、人生の選択肢が増える」**と言っていました。

この言葉、私はとても好きです。

たくさんの数学アイテムを手に入れることで、できることが本当に増えていきます。ぜひ本書を踏み台にして、どんどん高みに登っていってください！　そして、世の中の課題をバンバン解決してください！

というわけで、またもや最短のステップで高校文系数学、そして一部理系の内容まで終わらせるという暴挙に挑んでみましたが、いかがだったでしょうか。

それではまた会う日まで、さようなら！

2020年初夏

西成 活裕

【著者紹介】

西成 活裕（にしなり・かつひろ）

◉――東京大学先端科学技術研究センター教授。専門は数理物理学、渋滞学。

◉――1967年、東京都生まれ。東京大学工学部卒業、同大大学院工学研究科航空宇宙工学専攻博士課程修了。その後、ドイツのケルン大学理論物理学研究所などを経て現在に至る。

◉――予備校講師のアルバイトをしていた経験から「わかりやすく教えること」を得意とし、中高生から主婦まで幅広い層に数学や物理を教えており、小学生に微積分の概念を理解してもらったこともある。

◉――著書の『東大の先生！ 文系の私に超わかりやすく数学を教えてください！』（小社刊）は、全国の数学アレルギーの読者に愛され、20万部を超えるベストセラーに。『渋滞学』（新潮社）では、講談社科学出版賞などを受賞。ほかにも『とんでもなく役に立つ数学』（KADOKAWA／角川学芸出版）、『東大人気教授が教える 思考体力を鍛える』（あさ出版）など著書多数。

【聞き手】

郷 和貴（ごう・かずき）

◉――1976年生まれ。自他ともに認める文系人間。数学は中学時代につまずき、高校で本格的に挫折した。西成教授の数学授業を受けて数学に目覚め、今回宿敵の高校数学に挑戦。育児をしながら、月に1冊本を書くブックライターとして活躍中。

東大の先生！
文系の私に超わかりやすく高校の数学を教えてください！

2020年6月22日　第1刷発行
2023年9月1日　第8刷発行

著　者――西成　活裕
発行者――齊藤　龍男
発行所――株式会社かんき出版
東京都千代田区麹町4-1-4 西脇ビル　〒102-0083
電話　営業部：03(3262)8011㈹　編集部：03(3262)8012㈹
FAX　03(3234)4421　振替　00100-2-62304
http://www.kanki-pub.co.jp/

印刷所――ベクトル印刷株式会社

ISBN978-4-7612-7501-3 C0041